This Books Belongs to:

_____

IF YOU FOUND THE BOOK, PLEASE CONTACT:

_____

Table of Content:

(Answer Key in Back)

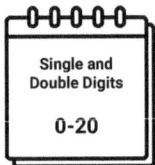

Name: _____ **Date:** _____

Start Time: _____ **End Time:** _____

Score: _____

60

1.	2.	3.	4.	5.	6.
3 - 1	6 - 1	12 - 6	14 - 3	11 - 9	17 - 8
7.	8.	9.	10.	11.	12.
10 - 3	8 - 4	11 - 7	6 - 6	2 - 0	11 - 1
13.	14.	15.	16.	17.	18.
13 - 9	7 - 7	17 - 8	1 - 0	14 - 0	4 - 2
19.	20.	21.	22.	23.	24.
9 - 2	9 - 5	8 - 1	17 - 2	16 - 3	18 - 3
25.	26.	27.	28.	29.	30.
11 - 1	20 - 5	14 - 5	18 - 8	10 - 3	9 - 1
31.	32.	33.	34.	35.	36.
11 - 6	18 - 4	16 - 12	20 - 15	18 - 11	20 - 0
37.	38.	39.	40.	41.	42.
19 - 9	7 - 6	12 - 11	19 - 14	17 - 1	10 - 3
43.	44.	45.	46.	47.	48.
15 - 13	12 - 4	18 - 11	3 - 1	7 - 3	16 - 1
49.	50.	51.	52.	53.	54.
14 - 3	13 - 4	9 - 6	6 - 0	6 - 3	19 - 15
55.	56.	57.	58.	59.	60.
18 - 13	1 - 1	18 - 4	14 - 1	18 - 2	5 - 1

Single and Double Digits

0-20

Name: ____________________ **Date:** __________

Start Time: ______________ **End Time:** ______________

Score: ______
60

1. 8 - 6	2. 7 - 2	3. 14 - 6	4. 6 - 0	5. 5 - 1	6. 9 - 2
7. 2 - 0	8. 9 - 1	9. 20 - 7	10. 20 - 6	11. 5 - 2	12. 5 - 4
13 20 - 1	14. 7 - 5	15. 9 - 5	16. 18 - 1	17. 2 - 0	18. 13 - 6
19. 9 - 4	20. 14 - 2	21. 8 - 2	22. 11 - 6	23. 2 - 0	24. 8 - 7
25. 7 - 6	26. 16 - 5	27. 14 - 9	28. 13 - 13	29. 20 - 20	30. 15 - 10
31. 13 - 12	32. 19 - 12	33. 18 - 17	34. 8 - 6	35. 11 - 6	36. 16 - 8
37. 18 - 14	38. 8 - 5	39. 13 - 6	40. 10 - 6	41. 18 - 14	42. 12 - 6
43. 10 - 6	44. 9 - 6	45. 7 - 2	46. 3 - 0	47. 14 - 1	48. 19 - 15
49. 13 - 8	50. 9 - 2	51. 12 - 0	52. 16 - 1	53. 11 - 9	54. 15 - 0
55. 14 - 13	56. 12 - 5	57. 14 - 11	58. 17 - 2	59. 7 - 1	60. 16 - 7

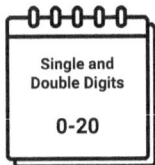

Name: _____ **Date:** _____

Start Time: _____ **End Time:** _____

Score: _____
60

1.	2.	3.	4.	5.	6.
11 - 6	1 - 0	5 - 2	14 - 4	14 - 7	11 - 8
7.	8.	9.	10.	11.	12.
9 - 3	11 - 6	17 - 9	7 - 6	15 - 5	11 - 4
13.	14.	15.	16.	17.	18.
7 - 4	7 - 5	5 - 2	5 - 5	4 - 1	6 - 0
19.	20.	21.	22.	23.	24.
10 - 7	16 - 1	19 - 5	10 - 5	5 - 2	8 - 2
25.	26.	27.	28.	29.	30.
8 - 0	2 - 1	10 - 9	20 - 1	14 - 2	8 - 1
31.	32.	33.	34.	35.	36.
18 - 12	10 - 0	5 - 1	19 - 6	20 - 1	12 - 0
37.	38.	39.	40.	41.	42.
17 - 5	14 - 0	10 - 1	19 - 6	19 - 4	11 - 3
43.	44.	45.	46.	47.	48.
16 - 13	2 - 0	13 - 5	18 - 13	11 - 3	17 - 16
49.	50.	51.	52.	53.	54.
15 - 11	20 - 9	7 - 6	19 - 0	11 - 2	17 - 1
55.	56.	57.	58.	59.	60.
18 - 10	20 - 20	7 - 6	17 - 13	16 - 12	5 - 2

Name: ______________________ **Date:** ____________

Start Time: ______________ **End Time:** ______________

Score: ______ / 60

1. 8 - 6	2. 19 - 0	3. 3 - 2	4. 4 - 1	5. 17 - 0	6. 4 - 0
7. 9 - 9	8. 19 - 9	9. 14 - 0	10. 13 - 8	11. 8 - 3	12. 17 - 8
13 20 - 5	14. 12 - 2	15. 17 - 5	16. 8 - 1	17. 20 - 0	18. 10 - 1
19. 9 - 6	20. 9 - 8	21. 15 - 0	22. 3 - 0	23. 6 - 5	24. 10 - 3
25. 15 - 9	26. 5 - 1	27. 17 - 4	28. 12 - 12	29. 7 - 3	30. 19 - 6
31. 5 - 1	32. 8 - 1	33. 5 - 0	34. 10 - 5	35. 14 - 8	36. 18 - 5
37. 14 - 5	38. 17 - 14	39. 7 - 4	40. 12 - 6	41. 15 - 14	42. 19 - 11
43. 14 - 5	44. 17 - 13	45. 17 - 13	46. 18 - 4	47. 10 - 8	48. 5 - 3
49. 20 - 19	50. 14 - 1	51. 14 - 6	52. 20 - 20	53. 10 - 1	54. 19 - 16
55. 12 - 1	56. 19 - 16	57. 20 - 15	58. 15 - 12	59. 10 - 2	60. 20 - 15

Single and Double Digits
0-20

Name: ______________________ **Date:** __________

Start Time: ______________ **End Time:** ______________

Score: ______ / 60

1. 3 - 2	2. 9 - 4	3. 8 - 3	4. 19 - 5	5. 5 - 5	6. 6 - 0
7. 17 - 4	8. 8 - 0	9. 9 - 1	10. 4 - 3	11. 16 - 6	12. 19 - 7
13 5 - 1	14. 15 - 2	15. 18 - 6	16. 17 - 4	17. 20 - 8	18. 8 - 1
19. 18 - 7	20. 12 - 0	21. 15 - 4	22. 7 - 5	23. 13 - 7	24. 20 - 3
25. 14 - 8	26. 4 - 3	27. 11 - 1	28. 15 - 0	29. 17 - 16	30. 18 - 16
31. 19 - 0	32. 14 - 6	33. 13 - 6	34. 10 - 9	35. 13 - 8	36. 9 - 6
37. 19 - 15	38. 11 - 0	39. 16 - 0	40. 20 - 9	41. 14 - 13	42. 14 - 4
43. 11 - 2	44. 9 - 8	45. 4 - 1	46. 20 - 13	47. 20 - 14	48. 13 - 13
49. 12 - 2	50. 11 - 1	51. 9 - 6	52. 14 - 5	53. 14 - 1	54. 19 - 0
55. 15 - 15	56. 14 - 4	57. 18 - 5	58. 15 - 8	59. 16 - 12	60. 12 - 9

Single and Double Digits

0-20

Name: ______________________ **Date:** __________

Start Time: ______________ **End Time:** ______________

Score: ______
60

1. 5 - 0	2. 9 - 2	3. 11 - 9	4. 20 - 1	5. 16 - 9	6. 2 - 0
7. 14 - 7	8. 10 - 8	9. 9 - 0	10. 10 - 0	11. 6 - 4	12. 8 - 4
13 13 - 2	14. 8 - 1	15. 9 - 7	16. 9 - 8	17. 12 - 7	18. 15 - 9
19. 6 - 2	20. 13 - 0	21. 12 - 9	22. 4 - 4	23. 6 - 6	24. 8 - 2
25. 4 - 4	26. 11 - 8	27. 2 - 2	28. 9 - 5	29. 13 - 12	30. 5 - 4
31. 20 - 9	32. 18 - 10	33. 20 - 17	34. 11 - 2	35. 10 - 8	36. 7 - 1
37. 15 - 9	38. 17 - 6	39. 13 - 0	40. 4 - 4	41. 10 - 3	42. 6 - 0
43. 13 - 9	44. 20 - 6	45. 15 - 0	46. 8 - 0	47. 12 - 9	48. 15 - 5
49. 17 - 16	50. 12 - 0	51. 7 - 4	52. 20 - 13	53. 5 - 3	54. 16 - 7
55. 16 - 3	56. 20 - 16	57. 17 - 6	58. 12 - 11	59. 20 - 12	60. 18 - 14

Single and Double Digits

0-20

Name: ______________________ **Date:** __________

Start Time: ______________ **End Time:** ______________

Score: ______ / 60

1. 13 - 1	2. 7 - 5	3. 14 - 9	4. 4 - 4	5. 12 - 1	6. 16 - 5
7. 9 - 0	8. 2 - 2	9. 7 - 5	10. 20 - 6	11. 11 - 8	12. 9 - 1
13 15 - 6	14. 16 - 1	15. 3 - 0	16. 7 - 5	17. 12 - 7	18. 5 - 0
19. 17 - 3	20. 4 - 2	21. 20 - 3	22. 9 - 3	23. 20 - 3	24. 4 - 4
25. 19 - 8	26. 15 - 11	27. 8 - 3	28. 8 - 3	29. 7 - 7	30. 7 - 1
31. 18 - 8	32. 10 - 5	33. 20 - 1	34. 19 - 10	35. 15 - 14	36. 15 - 1
37. 14 - 8	38. 11 - 2	39. 15 - 10	40. 12 - 3	41. 19 - 13	42. 4 - 0
43. 17 - 7	44. 12 - 6	45. 18 - 11	46. 19 - 16	47. 13 - 5	48. 18 - 7
49. 11 - 10	50. 15 - 15	51. 2 - 0	52. 14 - 9	53. 13 - 4	54. 15 - 5
55. 9 - 4	56. 18 - 4	57. 18 - 18	58. 17 - 13	59. 17 - 14	60. 13 - 1

Single and Double Digits
0-20

Name: ______________________ **Date:** ____________

Start Time: ______________ **End Time:** ______________

Score: ______ / 60

1. 20 - 3	2. 20 - 3	3. 12 - 6	4. 17 - 2	5. 14 - 2	6. 9 - 8
7. 12 - 7	8. 12 - 3	9. 4 - 3	10. 18 - 4	11. 10 - 1	12. 6 - 4
13 17 - 0	14. 13 - 9	15. 10 - 0	16. 3 - 2	17. 19 - 8	18. 19 - 0
19. 18 - 8	20. 4 - 0	21. 9 - 6	22. 5 - 4	23. 16 - 9	24. 4 - 3
25. 16 - 7	26. 17 - 6	27. 7 - 4	28. 11 - 10	29. 13 - 2	30. 11 - 4
31. 19 - 12	32. 11 - 3	33. 4 - 3	34. 17 - 9	35. 15 - 14	36. 17 - 15
37. 17 - 11	38. 12 - 5	39. 12 - 8	40. 15 - 0	41. 7 - 5	42. 14 - 6
43. 5 - 4	44. 13 - 0	45. 14 - 7	46. 10 - 1	47. 20 - 3	48. 17 - 8
49. 18 - 12	50. 11 - 4	51. 11 - 6	52. 14 - 3	53. 1 - 0	54. 17 - 9
55. 16 - 14	56. 19 - 11	57. 11 - 10	58. 6 - 2	59. 15 - 11	60. 15 - 13

Name: _____ **Date:** _____

Start Time: _____ **End Time:** _____

Score: _____

60

1.	2.	3.	4.	5.	6.
9 - 1	17 - 4	16 - 8	15 - 0	14 - 3	14 - 1
7.	8.	9.	10.	11.	12.
8 - 6	18 - 7	14 - 8	13 - 9	0 - 0	17 - 7
13.	14.	15.	16.	17.	18.
16 - 0	13 - 0	18 - 6	12 - 1	2 - 2	6 - 1
19.	20.	21.	22.	23.	24.
7 - 4	15 - 1	6 - 3	8 - 3	20 - 5	19 - 4
25.	26.	27.	28.	29.	30.
9 - 3	14 - 3	10 - 2	20 - 19	13 - 13	8 - 4
31.	32.	33.	34.	35.	36.
20 - 7	7 - 4	17 - 11	10 - 3	17 - 3	20 - 13
37.	38.	39.	40.	41.	42.
17 - 3	15 - 5	10 - 9	17 - 16	13 - 1	12 - 5
43.	44.	45.	46.	47.	48.
11 - 5	16 - 5	15 - 14	16 - 8	12 - 8	10 - 10
49.	50.	51.	52.	53.	54.
7 - 5	19 - 14	17 - 4	7 - 6	1 - 0	16 - 10
55.	56.	57.	58.	59.	60.
13 - 13	17 - 17	7 - 0	13 - 12	9 - 4	19 - 3

Name: _____ **Date:** _____

Start Time: _____ **End Time:** _____

Score: _____

60

1.	2.	3.	4.	5.	6.
11 - 4	17 - 6	9 - 0	2 - 1	8 - 5	2 - 1
7.	8.	9.	10.	11.	12.
20 - 3	9 - 0	8 - 5	12 - 0	20 - 0	18 - 3
13	14.	15.	16.	17.	18.
16 - 9	10 - 8	5 - 1	14 - 3	7 - 1	15 - 6
19.	20.	21.	22.	23.	24.
4 - 1	9 - 4	10 - 1	19 - 2	4 - 4	8 - 0
25.	26.	27.	28.	29.	30.
0 - 0	15 - 0	12 - 8	7 - 0	20 - 10	19 - 7
31.	32.	33.	34.	35.	36.
8 - 5	20 - 1	15 - 6	14 - 13	15 - 13	12 - 4
37.	38.	39.	40.	41.	42.
11 - 1	6 - 1	17 - 2	18 - 2	10 - 7	19 - 11
43.	44.	45.	46.	47.	48.
11 - 4	4 - 1	13 - 6	11 - 2	13 - 10	13 - 6
49.	50.	51.	52.	53.	54.
13 - 3	20 - 5	19 - 6	19 - 10	20 - 7	19 - 4
55.	56.	57.	58.	59.	60.
19 - 12	5 - 4	12 - 9	18 - 18	16 - 12	13 - 8

Name: _____ **Date:** _____

Start Time: _____ **End Time:** _____

Score: _____

60

1.	2.	3.	4.	5.	6.
10 − 6	8 − 0	7 − 3	20 − 8	8 − 0	5 − 2
7.	8.	9.	10.	11.	12.
4 − 4	15 − 6	9 − 0	18 − 2	18 − 7	10 − 4
13	14.	15.	16.	17.	18.
6 − 1	19 − 9	10 − 7	7 − 4	16 − 6	9 − 8
19.	20.	21.	22.	23.	24.
18 − 5	17 − 1	19 − 3	17 − 8	16 − 7	5 − 3
25.	26.	27.	28.	29.	30.
6 − 4	13 − 6	12 − 5	16 − 7	6 − 0	17 − 11
31.	32.	33.	34.	35.	36.
11 − 7	18 − 8	18 − 14	12 − 9	14 − 14	10 − 5
37.	38.	39.	40.	41.	42.
18 − 0	12 − 2	3 − 3	11 − 1	4 − 2	19 − 2
43.	44.	45.	46.	47.	48.
8 − 5	15 − 15	19 − 4	6 − 1	6 − 1	19 − 6
49.	50.	51.	52.	53.	54.
14 − 9	20 − 13	20 − 13	16 − 14	3 − 0	2 − 1
55.	56.	57.	58.	59.	60.
3 − 2	16 − 6	9 − 7	12 − 2	17 − 6	16 − 8

Name: _____ **Date:** _____

Start Time: _____ **End Time:** _____

Score: _____

60

1.	2.	3.	4.	5.	6.
10 - 5	8 - 7	10 - 1	5 - 4	7 - 3	10 - 1
7.	8.	9.	10.	11.	12.
13 - 0	5 - 4	19 - 7	9 - 4	17 - 3	6 - 3
13	14.	15.	16.	17.	18.
2 - 1	18 - 7	7 - 1	14 - 2	9 - 4	19 - 2
19.	20.	21.	22.	23.	24.
9 - 0	13 - 8	7 - 7	8 - 7	16 - 9	17 - 4
25.	26.	27.	28.	29.	30.
11 - 0	12 - 1	11 - 9	20 - 3	7 - 6	14 - 12
31.	32.	33.	34.	35.	36.
17 - 15	18 - 7	11 - 10	5 - 0	12 - 6	16 - 11
37.	38.	39.	40.	41.	42.
13 - 9	7 - 6	18 - 15	9 - 1	17 - 0	1 - 0
43.	44.	45.	46.	47.	48.
20 - 14	15 - 13	9 - 3	18 - 14	9 - 5	8 - 6
49.	50.	51.	52.	53.	54.
18 - 4	12 - 1	13 - 6	6 - 0	20 - 8	20 - 11
55.	56.	57.	58.	59.	60.
2 - 0	12 - 6	15 - 4	20 - 0	18 - 11	19 - 6

Single and Double Digits
0-20

Name: ______________________ **Date:** __________

Start Time: ______________ **End Time:** ______________

Score: ______
60

1. 7 - 2	2. 19 - 1	3. 0 - 0	4. 10 - 4	5. 16 - 6	6. 9 - 9
7. 6 - 0	8. 20 - 0	9. 13 - 2	10. 15 - 3	11. 16 - 9	12. 16 - 0
13 14 - 8	14. 13 - 4	15. 7 - 0	16. 6 - 2	17. 9 - 6	18. 18 - 9
19. 20 - 6	20. 3 - 3	21. 11 - 2	22. 18 - 7	23. 14 - 7	24. 9 - 0
25. 15 - 2	26. 14 - 7	27. 19 - 2	28. 9 - 4	29. 10 - 3	30. 12 - 0
31. 15 - 0	32. 18 - 11	33. 1 - 1	34. 15 - 8	35. 16 - 7	36. 12 - 6
37. 10 - 6	38. 20 - 15	39. 18 - 0	40. 0 - 0	41. 11 - 2	42. 1 - 0
43. 17 - 0	44. 9 - 6	45. 7 - 5	46. 16 - 6	47. 12 - 4	48. 10 - 6
49. 17 - 10	50. 10 - 3	51. 19 - 18	52. 14 - 8	53. 9 - 4	54. 19 - 8
55. 4 - 3	56. 8 - 5	57. 19 - 12	58. 20 - 18	59. 14 - 8	60. 6 - 5

Single and Double Digits
0-20

Name: ______________________ **Date:** __________

Start Time: ______________ **End Time:** ______________

Score: ______
60

1. 13 - 2	2. 7 - 1	3. 6 - 5	4. 7 - 1	5. 17 - 9	6. 0 - 0
7. 16 - 1	8. 6 - 3	9. 3 - 1	10. 15 - 2	11. 18 - 2	12. 6 - 5
13 7 - 5	14. 4 - 2	15. 4 - 0	16. 8 - 3	17. 3 - 1	18. 17 - 5
19. 16 - 8	20. 4 - 3	21. 9 - 0	22. 14 - 6	23. 18 - 3	24. 8 - 4
25. 8 - 1	26. 19 - 11	27. 9 - 8	28. 8 - 0	29. 19 - 17	30. 19 - 6
31. 20 - 19	32. 13 - 2	33. 12 - 9	34. 13 - 10	35. 18 - 9	36. 17 - 7
37. 17 - 16	38. 18 - 12	39. 12 - 11	40. 8 - 7	41. 13 - 7	42. 2 - 1
43. 5 - 1	44. 20 - 15	45. 8 - 4	46. 20 - 1	47. 3 - 1	48. 13 - 10
49. 7 - 3	50. 12 - 1	51. 5 - 0	52. 17 - 0	53. 13 - 11	54. 19 - 11
55. 17 - 2	56. 16 - 0	57. 16 - 3	58. 19 - 8	59. 18 - 1	60. 15 - 1

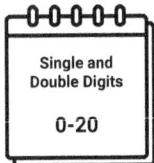

Single and Double Digits

0-20

Name: ____________________ **Date:** __________

Start Time: ______________ **End Time:** ______________

Score: ______ / **60**

1. 8 - 8	2. 16 - 0	3. 3 - 2	4. 20 - 5	5. 2 - 0	6. 10 - 0
7. 12 - 3	8. 6 - 3	9. 13 - 2	10. 4 - 1	11. 8 - 2	12. 14 - 4
13 9 - 7	14. 20 - 4	15. 16 - 5	16. 13 - 5	17. 14 - 2	18. 9 - 7
19. 5 - 3	20. 16 - 1	21. 7 - 2	22. 12 - 7	23. 12 - 7	24. 10 - 1
25. 4 - 0	26. 17 - 10	27. 14 - 6	28. 19 - 13	29. 8 - 0	30. 19 - 7
31. 15 - 7	32. 5 - 2	33. 15 - 8	34. 2 - 0	35. 9 - 0	36. 18 - 4
37. 8 - 5	38. 20 - 12	39. 17 - 9	40. 20 - 18	41. 20 - 3	42. 20 - 20
43. 18 - 16	44. 16 - 2	45. 6 - 5	46. 20 - 16	47. 18 - 1	48. 18 - 10
49. 18 - 7	50. 7 - 6	51. 20 - 12	52. 9 - 2	53. 19 - 15	54. 19 - 2
55. 18 - 14	56. 7 - 5	57. 11 - 6	58. 17 - 14	59. 1 - 1	60. 14 - 7

Name: _____ **Date:** _____

Start Time: _____ **End Time:** _____

Score: _____

60

1.	2.	3.	4.	5.	6.
20 - 9	14 - 8	14 - 3	9 - 8	3 - 2	20 - 6
7.	8.	9.	10.	11.	12.
12 - 1	11 - 9	15 - 1	12 - 5	20 - 1	6 - 1
13	14.	15.	16.	17.	18.
12 - 5	1 - 0	13 - 4	20 - 0	4 - 3	7 - 7
19.	20.	21.	22.	23.	24.
17 - 7	6 - 1	8 - 0	11 - 3	4 - 3	3 - 1
25.	26.	27.	28.	29.	30.
1 - 0	16 - 7	12 - 8	7 - 0	18 - 15	16 - 8
31.	32.	33.	34.	35.	36.
7 - 6	11 - 6	20 - 9	6 - 2	13 - 8	20 - 7
37.	38.	39.	40.	41.	42.
14 - 10	18 - 15	18 - 11	19 - 9	11 - 0	20 - 0
43.	44.	45.	46.	47.	48.
8 - 7	8 - 4	15 - 5	20 - 0	15 - 12	15 - 14
49.	50.	51.	52.	53.	54.
19 - 3	18 - 10	9 - 5	12 - 2	14 - 2	9 - 5
55.	56.	57.	58.	59.	60.
5 - 3	19 - 10	9 - 8	14 - 12	20 - 10	11 - 4

Single and Double Digits
0-20

Name: ______________________ Date: ____________

Start Time: ______________ End Time: ______________

Score: ______
60

1. 9 - 6	2. 6 - 0	3. 8 - 7	4. 13 - 9	5. 20 - 3	6. 8 - 7
7. 8 - 6	8. 9 - 6	9. 9 - 2	10. 8 - 6	11. 8 - 5	12. 14 - 3
13 15 - 5	14. 6 - 5	15. 3 - 1	16. 9 - 5	17. 15 - 7	18. 11 - 0
19. 12 - 1	20. 7 - 1	21. 13 - 4	22. 8 - 2	23. 16 - 6	24. 6 - 1
25. 8 - 3	26. 10 - 7	27. 17 - 9	28. 16 - 2	29. 18 - 5	30. 4 - 0
31. 15 - 13	32. 15 - 12	33. 13 - 12	34. 13 - 4	35. 9 - 5	36. 16 - 12
37. 15 - 3	38. 2 - 0	39. 12 - 1	40. 18 - 13	41. 17 - 12	42. 20 - 11
43. 14 - 0	44. 13 - 6	45. 5 - 4	46. 20 - 16	47. 20 - 5	48. 9 - 5
49. 18 - 0	50. 7 - 5	51. 19 - 9	52. 17 - 7	53. 20 - 9	54. 20 - 11
55. 8 - 7	56. 19 - 7	57. 19 - 7	58. 10 - 0	59. 17 - 1	60. 19 - 7

Name: _____ **Date:** _____

Start Time: _____ **End Time:** _____

Score: _____

60

1.	2.	3.	4.	5.	6.
9 - 1	10 - 1	5 - 0	20 - 1	12 - 4	8 - 5
7.	8.	9.	10.	11.	12.
4 - 4	19 - 1	13 - 4	16 - 5	18 - 9	6 - 4
13	14.	15.	16.	17.	18.
20 - 3	7 - 1	6 - 5	6 - 3	5 - 2	9 - 7
19.	20.	21.	22.	23.	24.
6 - 0	9 - 3	2 - 1	15 - 6	13 - 2	3 - 0
25.	26.	27.	28.	29.	30.
7 - 6	16 - 8	18 - 17	15 - 1	15 - 13	18 - 16
31.	32.	33.	34.	35.	36.
14 - 1	20 - 8	4 - 3	19 - 7	18 - 4	17 - 1
37.	38.	39.	40.	41.	42.
18 - 13	18 - 9	9 - 8	20 - 2	20 - 14	7 - 2
43.	44.	45.	46.	47.	48.
14 - 1	10 - 7	14 - 4	11 - 7	12 - 3	6 - 5
49.	50.	51.	52.	53.	54.
10 - 3	19 - 9	18 - 14	18 - 11	13 - 3	15 - 2
55.	56.	57.	58.	59.	60.
12 - 2	14 - 0	3 - 1	4 - 1	16 - 16	18 - 16

Single and Double Digits
0-20

Name: ______________________ **Date:** ____________

Start Time: ______________ **End Time:** ______________

Score: ______
60

1. 14 - 5	2. 9 - 4	3. 9 - 5	4. 12 - 3	5. 20 - 5	6. 14 - 3
7. 17 - 9	8. 12 - 9	9. 19 - 2	10. 12 - 8	11. 20 - 0	12. 6 - 5
13 20 - 4	14. 17 - 1	15. 19 - 7	16. 14 - 6	17. 9 - 4	18. 20 - 1
19. 9 - 5	20. 11 - 3	21. 15 - 6	22. 16 - 0	23. 9 - 7	24. 9 - 4
25. 19 - 9	26. 15 - 9	27. 15 - 4	28. 2 - 0	29. 11 - 3	30. 17 - 3
31. 19 - 8	32. 13 - 0	33. 19 - 3	34. 15 - 9	35. 17 - 6	36. 16 - 4
37. 14 - 9	38. 13 - 2	39. 20 - 5	40. 15 - 12	41. 20 - 13	42. 13 - 8
43. 18 - 13	44. 12 - 6	45. 19 - 10	46. 5 - 0	47. 20 - 0	48. 12 - 6
49. 13 - 5	50. 13 - 7	51. 20 - 17	52. 17 - 8	53. 14 - 10	54. 7 - 3
55. 6 - 0	56. 10 - 9	57. 18 - 6	58. 8 - 0	59. 16 - 12	60. 20 - 0

Name: _____ **Date:** _____

Start Time: _____ **End Time:** _____

Score: _____

60

1.	2.	3.	4.	5.	6.
0 − 0	13 − 7	18 − 5	9 − 3	6 − 3	12 − 3
7.	8.	9.	10.	11.	12.
3 − 3	14 − 4	8 − 0	13 − 6	6 − 1	11 − 0
13	14.	15.	16.	17.	18.
19 − 1	20 − 9	1 − 0	19 − 7	16 − 4	16 − 8
19.	20.	21.	22.	23.	24.
2 − 1	11 − 1	15 − 6	20 − 5	7 − 2	12 − 7
25.	26.	27.	28.	29.	30.
4 − 3	18 − 0	14 − 9	16 − 16	18 − 6	15 − 2
31.	32.	33.	34.	35.	36.
16 − 0	11 − 2	11 − 6	8 − 3	0 − 0	5 − 4
37.	38.	39.	40.	41.	42.
4 − 1	14 − 3	18 − 8	18 − 8	14 − 7	14 − 1
43.	44.	45.	46.	47.	48.
20 − 18	11 − 10	8 − 8	13 − 5	20 − 10	12 − 3
49.	50.	51.	52.	53.	54.
14 − 13	9 − 7	11 − 9	19 − 17	19 − 6	17 − 3
55.	56.	57.	58.	59.	60.
9 − 1	16 − 6	18 − 3	3 − 1	19 − 0	10 − 3

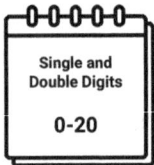

Single and Double Digits
0-20

Name: ______________________ **Date:** __________

Start Time: ______________ **End Time:** ______________

Score: ______
60

1. 15 - 4	2. 5 - 0	3. 8 - 6	4. 14 - 1	5. 7 - 4	6. 9 - 5
7. 9 - 5	8. 19 - 8	9. 14 - 7	10. 9 - 0	11. 5 - 1	12. 1 - 0
13 7 - 1	14. 20 - 4	15. 7 - 0	16. 11 - 0	17. 11 - 0	18. 4 - 3
19. 10 - 0	20. 11 - 4	21. 8 - 5	22. 9 - 1	23. 4 - 2	24. 6 - 2
25. 8 - 0	26. 12 - 6	27. 2 - 0	28. 20 - 5	29. 16 - 3	30. 7 - 4
31. 19 - 15	32. 18 - 4	33. 16 - 3	34. 15 - 1	35. 13 - 1	36. 13 - 0
37. 15 - 11	38. 13 - 11	39. 17 - 8	40. 15 - 8	41. 13 - 1	42. 16 - 6
43. 6 - 1	44. 16 - 11	45. 14 - 3	46. 20 - 13	47. 10 - 3	48. 8 - 5
49. 15 - 14	50. 20 - 8	51. 20 - 13	52. 10 - 8	53. 9 - 1	54. 17 - 10
55. 16 - 7	56. 19 - 6	57. 15 - 6	58. 18 - 17	59. 9 - 1	60. 20 - 1

Single and Double Digits
0-20

Name: ____________________ Date: __________

Start Time: ______________ End Time: ______________

Score: ______
60

1. 16 - 8	2. 4 - 2	3. 19 - 9	4. 10 - 4	5. 10 - 5	6. 11 - 9
7. 1 - 1	8. 7 - 3	9. 9 - 4	10. 15 - 6	11. 15 - 1	12. 15 - 9
13 14 - 0	14. 20 - 5	15. 1 - 0	16. 18 - 6	17. 3 - 1	18. 4 - 2
19. 15 - 8	20. 10 - 3	21. 15 - 9	22. 10 - 8	23. 9 - 4	24. 9 - 0
25. 6 - 4	26. 16 - 10	27. 12 - 3	28. 19 - 9	29. 8 - 7	30. 18 - 17
31. 18 - 13	32. 15 - 15	33. 14 - 8	34. 5 - 4	35. 12 - 5	36. 17 - 8
37. 7 - 6	38. 15 - 12	39. 17 - 15	40. 9 - 5	41. 18 - 16	42. 13 - 0
43. 9 - 8	44. 17 - 16	45. 6 - 5	46. 16 - 16	47. 18 - 5	48. 18 - 17
49. 1 - 1	50. 6 - 3	51. 17 - 10	52. 20 - 16	53. 17 - 14	54. 20 - 18
55. 19 - 3	56. 2 - 1	57. 14 - 11	58. 7 - 1	59. 5 - 0	60. 16 - 3

Single and Double Digits

0-20

Name: ____________________ **Date:** __________

Start Time: ____________ **End Time:** ____________

Score: ______ / **60**

1.	2.	3.	4.	5.	6.
10	19	3	6	18	20
- 8	- 7	- 1	- 3	- 1	- 1
7.	8.	9.	10.	11.	12.
19	12	20	15	18	13
- 5	- 6	- 6	- 5	- 2	- 5
13	14.	15.	16.	17.	18.
16	5	4	9	8	8
- 2	- 2	- 3	- 8	- 3	- 5
19.	20.	21.	22.	23.	24.
18	7	15	3	2	15
- 5	- 3	- 7	- 1	- 0	- 5
25.	26.	27.	28.	29.	30.
10	19	20	19	15	8
- 1	- 10	- 14	- 10	- 8	- 6
31.	32.	33.	34.	35.	36.
13	11	12	8	13	13
- 11	- 5	- 4	- 7	- 12	- 7
37.	38.	39.	40.	41.	42.
4	19	18	18	15	9
- 3	- 13	- 1	- 11	- 2	- 4
43.	44.	45.	46.	47.	48.
15	18	18	20	14	16
- 0	- 18	- 0	- 7	- 12	- 6
49.	50.	51.	52.	53.	54.
15	6	8	15	7	14
- 11	- 0	- 1	- 6	- 0	- 10
55.	56.	57.	58.	59.	60.
14	15	18	13	11	20
- 10	- 10	- 8	- 1	- 7	- 4

Single and Double Digits

0-20

Name: ______________________ **Date:** __________

Start Time: ______________ **End Time:** ______________

Score: ______ / 60

1. 7 - 5	2. 13 - 9	3. 4 - 4	4. 18 - 7	5. 14 - 8	6. 3 - 1
7. 19 - 0	8. 5 - 3	9. 8 - 4	10. 15 - 7	11. 16 - 7	12. 8 - 7
13 8 - 0	14. 14 - 6	15. 14 - 5	16. 18 - 6	17. 19 - 6	18. 12 - 3
19. 8 - 1	20. 18 - 3	21. 9 - 2	22. 11 - 0	23. 5 - 0	24. 17 - 9
25. 12 - 6	26. 19 - 11	27. 18 - 0	28. 20 - 18	29. 14 - 13	30. 12 - 8
31. 15 - 12	32. 14 - 14	33. 19 - 3	34. 20 - 19	35. 9 - 4	36. 16 - 0
37. 7 - 6	38. 11 - 6	39. 8 - 0	40. 6 - 1	41. 14 - 12	42. 5 - 4
43. 14 - 3	44. 20 - 12	45. 13 - 9	46. 14 - 8	47. 17 - 6	48. 13 - 11
49. 15 - 4	50. 14 - 2	51. 20 - 8	52. 15 - 5	53. 8 - 7	54. 16 - 10
55. 10 - 10	56. 16 - 4	57. 20 - 10	58. 17 - 10	59. 11 - 8	60. 10 - 4

Single and Double Digits 0-20

Name: ______________________ **Date:** ____________

Start Time: ______________ **End Time:** ______________

Score: ______ / 60

1. 13 - 9	2. 3 - 0	3. 19 - 8	4. 9 - 6	5. 7 - 0	6. 16 - 9
7. 7 - 6	8. 11 - 7	9. 20 - 0	10. 8 - 5	11. 8 - 3	12. 16 - 0
13 9 - 0	14. 6 - 3	15. 8 - 5	16. 12 - 5	17. 8 - 3	18. 7 - 2
19. 12 - 5	20. 20 - 8	21. 18 - 3	22. 2 - 1	23. 20 - 7	24. 9 - 5
25. 16 - 8	26. 12 - 7	27. 15 - 5	28. 9 - 5	29. 16 - 1	30. 10 - 7
31. 15 - 7	32. 17 - 8	33. 13 - 7	34. 2 - 0	35. 13 - 9	36. 1 - 0
37. 7 - 4	38. 2 - 2	39. 18 - 17	40. 20 - 7	41. 18 - 5	42. 15 - 15
43. 14 - 4	44. 20 - 17	45. 12 - 12	46. 17 - 5	47. 15 - 9	48. 1 - 0
49. 20 - 7	50. 20 - 7	51. 20 - 17	52. 18 - 18	53. 13 - 10	54. 11 - 0
55. 20 - 16	56. 19 - 2	57. 15 - 8	58. 18 - 11	59. 12 - 6	60. 16 - 6

Single and Double Digits

0-20

Name: ______________________ **Date:** ____________

Start Time: ______________ **End Time:** ______________

Score: ______ / 60

1. 8 - 4	2. 8 - 7	3. 7 - 0	4. 13 - 8	5. 17 - 1	6. 2 - 0
7. 20 - 4	8. 2 - 0	9. 4 - 0	10. 18 - 7	11. 4 - 4	12. 8 - 0
13 3 - 3	14. 13 - 3	15. 20 - 9	16. 20 - 7	17. 6 - 5	18. 12 - 3
19. 14 - 8	20. 10 - 9	21. 14 - 2	22. 10 - 5	23. 9 - 5	24. 7 - 4
25. 7 - 0	26. 17 - 10	27. 20 - 3	28. 16 - 4	29. 16 - 0	30. 7 - 6
31. 14 - 0	32. 19 - 2	33. 7 - 4	34. 17 - 16	35. 16 - 5	36. 17 - 15
37. 14 - 7	38. 19 - 8	39. 1 - 0	40. 20 - 2	41. 3 - 0	42. 5 - 0
43. 18 - 18	44. 13 - 1	45. 17 - 14	46. 14 - 1	47. 15 - 10	48. 13 - 13
49. 10 - 3	50. 10 - 4	51. 18 - 6	52. 19 - 12	53. 20 - 16	54. 13 - 5
55. 9 - 3	56. 15 - 15	57. 3 - 1	58. 12 - 11	59. 4 - 3	60. 2 - 2

Single and Double Digits

0-20

Name: ______________________ **Date:** ____________

Start Time: ______________ **End Time:** ______________

Score: ______ / 60

1. 18 - 7	2. 11 - 5	3. 5 - 3	4. 6 - 2	5. 10 - 4	6. 9 - 2
7. 16 - 8	8. 7 - 2	9. 5 - 3	10. 6 - 5	11. 7 - 1	12. 9 - 5
13 1 - 1	14. 6 - 2	15. 14 - 3	16. 9 - 3	17. 3 - 1	18. 7 - 5
19. 8 - 3	20. 8 - 3	21. 5 - 2	22. 5 - 5	23. 3 - 0	24. 19 - 0
25. 15 - 0	26. 17 - 9	27. 15 - 3	28. 9 - 5	29. 17 - 4	30. 14 - 5
31. 14 - 8	32. 18 - 11	33. 16 - 5	34. 20 - 12	35. 17 - 1	36. 16 - 12
37. 15 - 9	38. 20 - 7	39. 10 - 10	40. 15 - 5	41. 14 - 2	42. 18 - 2
43. 10 - 0	44. 18 - 18	45. 16 - 5	46. 13 - 5	47. 9 - 3	48. 14 - 0
49. 19 - 7	50. 11 - 2	51. 11 - 11	52. 15 - 0	53. 19 - 8	54. 16 - 15
55. 19 - 8	56. 18 - 7	57. 14 - 10	58. 11 - 11	59. 13 - 2	60. 11 - 6

Single and Double Digits

0-20

Name: ____________________ **Date:** __________

Start Time: ______________ **End Time:** ______________

Score: ______ / 60

1. 17 - 7	2. 10 - 2	3. 4 - 2	4. 1 - 0	5. 13 - 2	6. 7 - 0
7. 18 - 5	8. 7 - 3	9. 10 - 8	10. 5 - 3	11. 6 - 0	12. 7 - 2
13 14 - 0	14. 9 - 2	15. 9 - 8	16. 11 - 5	17. 2 - 1	18. 5 - 0
19. 19 - 3	20. 8 - 2	21. 7 - 6	22. 16 - 7	23. 19 - 1	24. 8 - 1
25. 20 - 7	26. 11 - 8	27. 20 - 7	28. 11 - 8	29. 14 - 7	30. 12 - 11
31. 15 - 7	32. 18 - 6	33. 8 - 6	34. 11 - 8	35. 14 - 6	36. 18 - 1
37. 19 - 14	38. 7 - 5	39. 15 - 13	40. 15 - 9	41. 12 - 12	42. 10 - 5
43. 19 - 14	44. 11 - 8	45. 2 - 0	46. 12 - 3	47. 4 - 3	48. 12 - 7
49. 15 - 10	50. 10 - 6	51. 20 - 17	52. 16 - 11	53. 6 - 5	54. 10 - 8
55. 4 - 2	56. 11 - 9	57. 9 - 4	58. 14 - 3	59. 11 - 9	60. 19 - 15

Single and Double Digits

0-20

Name: ______________________ **Date:** ____________

Start Time: ______________ **End Time:** ______________

Score: ______ / 60

1. 19 - 2	2. 13 - 1	3. 6 - 4	4. 16 - 8	5. 16 - 1	6. 14 - 7
7. 18 - 6	8. 9 - 3	9. 7 - 7	10. 9 - 9	11. 7 - 0	12. 9 - 6
13 19 - 3	14. 6 - 1	15. 4 - 4	16. 19 - 7	17. 13 - 5	18. 6 - 3
19. 19 - 2	20. 19 - 2	21. 16 - 0	22. 6 - 5	23. 3 - 2	24. 13 - 2
25. 16 - 8	26. 5 - 2	27. 19 - 4	28. 0 - 0	29. 13 - 4	30. 9 - 6
31. 19 - 0	32. 19 - 12	33. 14 - 6	34. 8 - 3	35. 12 - 0	36. 11 - 6
37. 17 - 1	38. 20 - 17	39. 16 - 4	40. 20 - 15	41. 13 - 5	42. 9 - 5
43. 11 - 6	44. 15 - 12	45. 12 - 7	46. 8 - 8	47. 13 - 9	48. 7 - 6
49. 13 - 6	50. 3 - 3	51. 15 - 8	52. 11 - 10	53. 8 - 3	54. 17 - 14
55. 9 - 8	56. 11 - 6	57. 9 - 5	58. 7 - 7	59. 9 - 7	60. 7 - 0

Name: _____ **Date:** _____

Start Time: _____ **End Time:** _____

Score: _____

60

1.	2.	3.	4.	5.	6.

$$\begin{array}{r} 7 \\ -\ 2 \\ \hline \end{array} \qquad \begin{array}{r} 7 \\ -\ 2 \\ \hline \end{array} \qquad \begin{array}{r} 11 \\ -\ 8 \\ \hline \end{array} \qquad \begin{array}{r} 9 \\ -\ 9 \\ \hline \end{array} \qquad \begin{array}{r} 18 \\ -\ 4 \\ \hline \end{array} \qquad \begin{array}{r} 12 \\ -\ 2 \\ \hline \end{array}$$

7.	8.	9.	10.	11.	12.

$$\begin{array}{r} 17 \\ -\ 7 \\ \hline \end{array} \qquad \begin{array}{r} 15 \\ -\ 6 \\ \hline \end{array} \qquad \begin{array}{r} 9 \\ -\ 0 \\ \hline \end{array} \qquad \begin{array}{r} 6 \\ -\ 2 \\ \hline \end{array} \qquad \begin{array}{r} 15 \\ -\ 7 \\ \hline \end{array} \qquad \begin{array}{r} 19 \\ -\ 4 \\ \hline \end{array}$$

13	14.	15.	16.	17.	18.

$$\begin{array}{r} 16 \\ -\ 5 \\ \hline \end{array} \qquad \begin{array}{r} 15 \\ -\ 1 \\ \hline \end{array} \qquad \begin{array}{r} 5 \\ -\ 4 \\ \hline \end{array} \qquad \begin{array}{r} 19 \\ -\ 9 \\ \hline \end{array} \qquad \begin{array}{r} 8 \\ -\ 6 \\ \hline \end{array} \qquad \begin{array}{r} 4 \\ -\ 1 \\ \hline \end{array}$$

19.	20.	21.	22.	23.	24.

$$\begin{array}{r} 8 \\ -\ 2 \\ \hline \end{array} \qquad \begin{array}{r} 10 \\ -\ 8 \\ \hline \end{array} \qquad \begin{array}{r} 19 \\ -\ 4 \\ \hline \end{array} \qquad \begin{array}{r} 2 \\ -\ 0 \\ \hline \end{array} \qquad \begin{array}{r} 8 \\ -\ 2 \\ \hline \end{array} \qquad \begin{array}{r} 7 \\ -\ 1 \\ \hline \end{array}$$

25.	26.	27.	28.	29.	30.

$$\begin{array}{r} 11 \\ -\ 6 \\ \hline \end{array} \qquad \begin{array}{r} 16 \\ -\ 11 \\ \hline \end{array} \qquad \begin{array}{r} 7 \\ -\ 2 \\ \hline \end{array} \qquad \begin{array}{r} 2 \\ -\ 0 \\ \hline \end{array} \qquad \begin{array}{r} 19 \\ -\ 11 \\ \hline \end{array} \qquad \begin{array}{r} 8 \\ -\ 3 \\ \hline \end{array}$$

31.	32.	33.	34.	35.	36.

$$\begin{array}{r} 16 \\ -\ 1 \\ \hline \end{array} \qquad \begin{array}{r} 16 \\ -\ 14 \\ \hline \end{array} \qquad \begin{array}{r} 5 \\ -\ 3 \\ \hline \end{array} \qquad \begin{array}{r} 15 \\ -\ 6 \\ \hline \end{array} \qquad \begin{array}{r} 9 \\ -\ 6 \\ \hline \end{array} \qquad \begin{array}{r} 12 \\ -\ 5 \\ \hline \end{array}$$

37.	38.	39.	40.	41.	42.

$$\begin{array}{r} 11 \\ -\ 2 \\ \hline \end{array} \qquad \begin{array}{r} 14 \\ -\ 9 \\ \hline \end{array} \qquad \begin{array}{r} 13 \\ -\ 12 \\ \hline \end{array} \qquad \begin{array}{r} 17 \\ -\ 17 \\ \hline \end{array} \qquad \begin{array}{r} 17 \\ -\ 11 \\ \hline \end{array} \qquad \begin{array}{r} 11 \\ -\ 3 \\ \hline \end{array}$$

43.	44.	45.	46.	47.	48.

$$\begin{array}{r} 15 \\ -\ 9 \\ \hline \end{array} \qquad \begin{array}{r} 17 \\ -\ 6 \\ \hline \end{array} \qquad \begin{array}{r} 19 \\ -\ 17 \\ \hline \end{array} \qquad \begin{array}{r} 5 \\ -\ 4 \\ \hline \end{array} \qquad \begin{array}{r} 12 \\ -\ 11 \\ \hline \end{array} \qquad \begin{array}{r} 15 \\ -\ 2 \\ \hline \end{array}$$

49.	50.	51.	52.	53.	54.

$$\begin{array}{r} 19 \\ -\ 8 \\ \hline \end{array} \qquad \begin{array}{r} 16 \\ -\ 14 \\ \hline \end{array} \qquad \begin{array}{r} 13 \\ -\ 1 \\ \hline \end{array} \qquad \begin{array}{r} 17 \\ -\ 4 \\ \hline \end{array} \qquad \begin{array}{r} 19 \\ -\ 8 \\ \hline \end{array} \qquad \begin{array}{r} 4 \\ -\ 3 \\ \hline \end{array}$$

55.	56.	57.	58.	59.	60.

$$\begin{array}{r} 9 \\ -\ 5 \\ \hline \end{array} \qquad \begin{array}{r} 3 \\ -\ 3 \\ \hline \end{array} \qquad \begin{array}{r} 15 \\ -\ 7 \\ \hline \end{array} \qquad \begin{array}{r} 20 \\ -\ 6 \\ \hline \end{array} \qquad \begin{array}{r} 14 \\ -\ 6 \\ \hline \end{array} \qquad \begin{array}{r} 15 \\ -\ 7 \\ \hline \end{array}$$

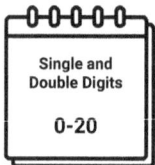

Name: _____ **Date:** _____

Start Time: _____ **End Time:** _____

Score: _____

60

1.	2.	3.	4.	5.	6.
16 - 3	10 - 7	8 - 5	4 - 1	14 - 1	6 - 3
7.	8.	9.	10.	11.	12.
16 - 7	17 - 1	6 - 4	5 - 2	9 - 1	16 - 1
13	14.	15.	16.	17.	18.
20 - 2	8 - 0	17 - 9	15 - 7	13 - 6	15 - 8
19.	20.	21.	22.	23.	24.
18 - 2	16 - 0	19 - 3	20 - 9	12 - 2	19 - 5
25.	26.	27.	28.	29.	30.
3 - 1	5 - 2	9 - 1	8 - 3	16 - 10	17 - 16
31.	32.	33.	34.	35.	36.
18 - 5	16 - 6	12 - 9	10 - 1	16 - 12	13 - 10
37.	38.	39.	40.	41.	42.
12 - 10	12 - 9	20 - 8	14 - 10	9 - 0	9 - 5
43.	44.	45.	46.	47.	48.
2 - 1	10 - 7	11 - 10	7 - 7	5 - 0	18 - 8
49.	50.	51.	52.	53.	54.
15 - 4	20 - 13	2 - 2	18 - 14	10 - 3	14 - 8
55.	56.	57.	58.	59.	60.
1 - 0	13 - 10	20 - 12	19 - 0	12 - 4	15 - 10

Single and Double Digits

0-20

Name: ____________________ **Date:** __________

Start Time: ______________ **End Time:** ______________

Score: ______ / 60

1. 19 - 7	2. 14 - 5	3. 8 - 2	4. 16 - 1	5. 13 - 1	6. 5 - 3
7. 11 - 0	8. 10 - 8	9. 4 - 2	10. 5 - 4	11. 9 - 7	12. 8 - 7
13 12 - 2	14. 1 - 1	15. 9 - 0	16. 19 - 2	17. 14 - 6	18. 4 - 3
19. 17 - 7	20. 11 - 7	21. 3 - 0	22. 15 - 8	23. 8 - 2	24. 15 - 8
25. 12 - 0	26. 10 - 2	27. 19 - 7	28. 18 - 4	29. 10 - 8	30. 11 - 8
31. 16 - 0	32. 20 - 15	33. 17 - 1	34. 18 - 12	35. 16 - 3	36. 8 - 1
37. 18 - 1	38. 6 - 1	39. 17 - 6	40. 15 - 2	41. 12 - 11	42. 18 - 5
43. 8 - 1	44. 10 - 2	45. 12 - 0	46. 13 - 2	47. 18 - 11	48. 15 - 2
49. 20 - 10	50. 6 - 5	51. 11 - 0	52. 16 - 4	53. 16 - 4	54. 11 - 2
55. 11 - 8	56. 1 - 1	57. 13 - 13	58. 9 - 2	59. 14 - 8	60. 18 - 4

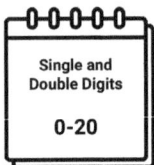

Name: _____ **Date:** _____

Start Time: _____ **End Time:** _____

Score: _____

60

1.	2.	3.	4.	5.	6.
9 - 9	6 - 5	7 - 4	9 - 7	6 - 3	7 - 2

7.	8.	9.	10.	11.	12.
7 - 0	1 - 0	17 - 2	7 - 0	8 - 5	3 - 2

13	14.	15.	16.	17.	18.
20 - 7	6 - 0	9 - 1	12 - 7	14 - 2	19 - 9

19.	20.	21.	22.	23.	24.
10 - 8	10 - 7	12 - 4	12 - 9	14 - 8	12 - 7

25.	26.	27.	28.	29.	30.
4 - 3	12 - 12	18 - 11	14 - 12	14 - 8	13 - 0

31.	32.	33.	34.	35.	36.
3 - 1	11 - 4	10 - 4	15 - 0	14 - 14	20 - 10

37.	38.	39.	40.	41.	42.
12 - 4	17 - 3	17 - 16	17 - 7	14 - 6	15 - 1

43.	44.	45.	46.	47.	48.
11 - 1	15 - 5	4 - 2	9 - 6	10 - 4	18 - 7

49.	50.	51.	52.	53.	54.
13 - 10	8 - 1	13 - 6	17 - 12	16 - 4	18 - 14

55.	56.	57.	58.	59.	60.
13 - 12	17 - 6	7 - 2	10 - 0	20 - 13	16 - 9

Single and Double Digits
0-20

Name: ____________________ **Date:** __________

Start Time: ______________ **End Time:** ______________

Score: ______ / 60

1. 11 - 7	2. 1 - 0	3. 11 - 3	4. 16 - 4	5. 5 - 3	6. 14 - 1
7. 10 - 9	8. 14 - 8	9. 4 - 2	10. 3 - 3	11. 17 - 4	12. 6 - 4
13 4 - 0	14. 19 - 1	15. 20 - 5	16. 11 - 5	17. 8 - 5	18. 16 - 3
19. 16 - 1	20. 9 - 3	21. 14 - 7	22. 8 - 4	23. 17 - 2	24. 16 - 8
25. 13 - 9	26. 19 - 8	27. 19 - 2	28. 2 - 2	29. 13 - 1	30. 7 - 5
31. 18 - 0	32. 19 - 2	33. 11 - 4	34. 18 - 2	35. 18 - 0	36. 16 - 9
37. 18 - 12	38. 15 - 5	39. 19 - 3	40. 18 - 1	41. 12 - 1	42. 18 - 11
43. 15 - 3	44. 20 - 18	45. 18 - 10	46. 9 - 2	47. 10 - 10	48. 10 - 6
49. 8 - 2	50. 12 - 4	51. 4 - 0	52. 20 - 19	53. 20 - 2	54. 12 - 3
55. 3 - 3	56. 18 - 8	57. 18 - 16	58. 19 - 11	59. 8 - 4	60. 19 - 1

Single and Double Digits
0-20

Name: ______________ Date: __________

Start Time: __________ End Time: __________

Score: ______ / 60

1. 12 - 2	2. 18 - 9	3. 8 - 0	4. 10 - 5	5. 3 - 3	6. 16 - 6
7. 7 - 5	8. 8 - 2	9. 10 - 0	10. 10 - 5	11. 9 - 9	12. 6 - 4
13 11 - 4	14. 19 - 6	15. 5 - 3	16. 13 - 1	17. 4 - 2	18. 8 - 6
19. 9 - 8	20. 7 - 1	21. 13 - 1	22. 9 - 1	23. 18 - 9	24. 14 - 2
25. 16 - 1	26. 16 - 5	27. 8 - 2	28. 14 - 10	29. 17 - 9	30. 13 - 6
31. 15 - 0	32. 20 - 3	33. 15 - 1	34. 19 - 9	35. 16 - 11	36. 19 - 8
37. 14 - 12	38. 6 - 3	39. 10 - 8	40. 9 - 7	41. 19 - 1	42. 7 - 5
43. 17 - 7	44. 16 - 3	45. 7 - 3	46. 8 - 6	47. 11 - 0	48. 20 - 8
49. 9 - 1	50. 18 - 9	51. 19 - 1	52. 19 - 15	53. 19 - 0	54. 20 - 12
55. 14 - 4	56. 13 - 4	57. 12 - 12	58. 15 - 1	59. 18 - 3	60. 20 - 4

Single and Double Digits

0-20

Name: ______________________ **Date:** ____________

Start Time: ______________ **End Time:** ______________

Score: ______ / 60

1. 14 - 5	2. 9 - 3	3. 15 - 3	4. 20 - 8	5. 11 - 0	6. 8 - 4
7. 10 - 9	8. 9 - 0	9. 20 - 1	10. 2 - 0	11. 1 - 0	12. 9 - 9
13 14 - 6	14. 12 - 2	15. 9 - 5	16. 14 - 2	17. 4 - 1	18. 4 - 2
19. 8 - 4	20. 15 - 7	21. 7 - 0	22. 8 - 6	23. 17 - 5	24. 13 - 1
25. 4 - 0	26. 17 - 13	27. 10 - 6	28. 7 - 3	29. 10 - 2	30. 17 - 7
31. 18 - 12	32. 18 - 0	33. 19 - 3	34. 20 - 12	35. 14 - 10	36. 12 - 8
37. 14 - 9	38. 13 - 1	39. 18 - 2	40. 13 - 9	41. 20 - 12	42. 15 - 0
43. 11 - 1	44. 4 - 3	45. 9 - 2	46. 12 - 4	47. 17 - 4	48. 19 - 16
49. 17 - 5	50. 14 - 10	51. 14 - 6	52. 13 - 5	53. 12 - 11	54. 3 - 3
55. 13 - 2	56. 18 - 14	57. 8 - 1	58. 6 - 3	59. 18 - 5	60. 14 - 7

Name: _____ **Date:** _____

Start Time: _____ **End Time:** _____

Score: _____
60

1.	2.	3.	4.	5.	6.
2 - 1	0 - 0	15 - 5	20 - 5	8 - 2	7 - 1

7.	8.	9.	10.	11.	12.
20 - 9	20 - 0	3 - 3	8 - 0	13 - 4	14 - 1

13	14.	15.	16.	17.	18.
7 - 3	16 - 7	1 - 1	5 - 4	7 - 2	10 - 3

19.	20.	21.	22.	23.	24.
9 - 9	20 - 8	9 - 8	11 - 9	14 - 7	2 - 0

25.	26.	27.	28.	29.	30.
3 - 1	7 - 3	18 - 18	17 - 5	14 - 4	14 - 5

31.	32.	33.	34.	35.	36.
5 - 4	4 - 3	10 - 9	18 - 4	12 - 8	19 - 6

37.	38.	39.	40.	41.	42.
15 - 11	14 - 1	13 - 1	10 - 3	19 - 8	17 - 14

43.	44.	45.	46.	47.	48.
15 - 8	9 - 2	14 - 5	20 - 17	14 - 2	18 - 17

49.	50.	51.	52.	53.	54.
14 - 6	4 - 1	15 - 5	7 - 4	13 - 8	11 - 11

55.	56.	57.	58.	59.	60.
11 - 6	19 - 3	16 - 14	15 - 11	15 - 2	15 - 11

Single and Double Digits

0-20

Name: ____________________ **Date:** __________

Start Time: ______________ **End Time:** ______________

Score: ______
60

1. 6 - 3	2. 7 - 1	3. 12 - 5	4. 10 - 1	5. 8 - 4	6. 13 - 6
7. 14 - 4	8. 10 - 5	9. 5 - 2	10. 4 - 4	11. 15 - 8	12. 18 - 9
13 19 - 0	14. 12 - 1	15. 12 - 3	16. 18 - 2	17. 12 - 9	18. 11 - 3
19. 14 - 8	20. 19 - 1	21. 14 - 6	22. 5 - 4	23. 18 - 4	24. 11 - 6
25. 11 - 1	26. 12 - 6	27. 4 - 3	28. 7 - 5	29. 16 - 4	30. 16 - 4
31. 15 - 14	32. 16 - 15	33. 18 - 7	34. 11 - 3	35. 11 - 6	36. 19 - 17
37. 12 - 0	38. 12 - 12	39. 16 - 5	40. 10 - 4	41. 11 - 1	42. 13 - 2
43. 9 - 8	44. 19 - 10	45. 8 - 3	46. 13 - 12	47. 7 - 3	48. 12 - 2
49. 15 - 10	50. 15 - 1	51. 9 - 3	52. 14 - 7	53. 19 - 5	54. 17 - 1
55. 14 - 1	56. 13 - 0	57. 20 - 2	58. 18 - 14	59. 17 - 6	60. 16 - 2

Single and Double Digits

0-20

Name: ______________ **Date:** ______________

Start Time: ______________ **End Time:** ______________

Score: ______ / 60

1. 11 - 1	2. 11 - 0	3. 14 - 2	4. 0 - 0	5. 15 - 9	6. 17 - 4
7. 7 - 3	8. 5 - 4	9. 3 - 3	10. 18 - 9	11. 8 - 4	12. 8 - 0
13 11 - 8	14. 19 - 2	15. 8 - 1	16. 6 - 2	17. 1 - 0	18. 7 - 5
19. 10 - 1	20. 17 - 9	21. 6 - 0	22. 9 - 1	23. 17 - 7	24. 1 - 1
25. 8 - 1	26. 18 - 6	27. 6 - 2	28. 18 - 3	29. 9 - 1	30. 11 - 1
31. 5 - 4	32. 17 - 8	33. 18 - 18	34. 10 - 6	35. 10 - 8	36. 18 - 5
37. 9 - 4	38. 12 - 2	39. 17 - 10	40. 19 - 18	41. 20 - 8	42. 19 - 7
43. 15 - 12	44. 20 - 3	45. 15 - 7	46. 14 - 4	47. 14 - 0	48. 16 - 0
49. 13 - 1	50. 3 - 1	51. 13 - 3	52. 9 - 5	53. 13 - 6	54. 19 - 12
55. 2 - 1	56. 18 - 7	57. 7 - 6	58. 3 - 1	59. 8 - 3	60. 19 - 17

Single and Double Digits
0-20

Name: ______________________ **Date:** ____________

Start Time: ______________ **End Time:** ______________

Score: ______ / 60

1. 14 - 5	2. 4 - 3	3. 17 - 3	4. 12 - 3	5. 7 - 3	6. 4 - 4
7. 17 - 9	8. 7 - 3	9. 8 - 4	10. 3 - 1	11. 12 - 5	12. 5 - 5
13 18 - 3	14. 6 - 3	15. 12 - 4	16. 2 - 1	17. 19 - 6	18. 5 - 2
19. 10 - 3	20. 12 - 6	21. 9 - 7	22. 19 - 8	23. 5 - 1	24. 6 - 5
25. 20 - 8	26. 16 - 12	27. 12 - 1	28. 18 - 0	29. 9 - 5	30. 10 - 4
31. 10 - 4	32. 9 - 2	33. 7 - 3	34. 13 - 6	35. 16 - 2	36. 17 - 12
37. 18 - 17	38. 16 - 3	39. 19 - 9	40. 20 - 18	41. 12 - 6	42. 13 - 11
43. 13 - 11	44. 2 - 0	45. 19 - 10	46. 13 - 1	47. 10 - 2	48. 17 - 4
49. 9 - 7	50. 11 - 6	51. 14 - 9	52. 15 - 14	53. 17 - 6	54. 8 - 4
55. 4 - 2	56. 19 - 18	57. 4 - 0	58. 20 - 15	59. 8 - 7	60. 20 - 4

Name: _____ **Date:** _____

Start Time: _____ **End Time:** _____

Score: _____

60

1.	2.	3.	4.	5.	6.
14 - 8	9 - 4	1 - 0	4 - 2	17 - 2	4 - 0
7.	8.	9.	10.	11.	12.
4 - 4	19 - 6	11 - 3	7 - 5	13 - 1	4 - 4
13	14.	15.	16.	17.	18.
8 - 3	6 - 6	18 - 5	10 - 1	18 - 0	9 - 2
19.	20.	21.	22.	23.	24.
17 - 5	7 - 5	9 - 1	4 - 0	15 - 1	10 - 9
25.	26.	27.	28.	29.	30.
14 - 7	3 - 1	18 - 17	4 - 4	11 - 11	15 - 2
31.	32.	33.	34.	35.	36.
18 - 18	19 - 2	4 - 3	7 - 1	17 - 13	16 - 8
37.	38.	39.	40.	41.	42.
19 - 2	12 - 3	15 - 8	20 - 2	16 - 12	9 - 9
43.	44.	45.	46.	47.	48.
13 - 12	12 - 7	20 - 17	12 - 7	13 - 6	7 - 5
49.	50.	51.	52.	53.	54.
16 - 11	6 - 6	11 - 9	16 - 11	16 - 14	20 - 19
55.	56.	57.	58.	59.	60.
6 - 2	17 - 1	11 - 0	20 - 0	16 - 9	19 - 10

Single and Double Digits

0-20

Name: ____________________ **Date:** __________

Start Time: ______________ **End Time:** ______________

Score: ______ / 60

1. 17 - 3	2. 6 - 1	3. 5 - 0	4. 16 - 0	5. 3 - 1	6. 7 - 3
7. 1 - 0	8. 15 - 8	9. 7 - 0	10. 8 - 8	11. 14 - 0	12. 7 - 2
13 5 - 1	14. 20 - 1	15. 5 - 1	16. 17 - 9	17. 15 - 5	18. 19 - 2
19. 2 - 2	20. 7 - 4	21. 5 - 5	22. 17 - 6	23. 10 - 1	24. 4 - 3
25. 16 - 9	26. 20 - 1	27. 19 - 10	28. 6 - 3	29. 18 - 3	30. 15 - 9
31. 11 - 3	32. 7 - 2	33. 9 - 6	34. 20 - 8	35. 17 - 1	36. 12 - 9
37. 13 - 3	38. 18 - 9	39. 14 - 11	40. 11 - 2	41. 3 - 1	42. 19 - 3
43. 4 - 1	44. 9 - 3	45. 2 - 1	46. 17 - 13	47. 13 - 3	48. 19 - 18
49. 18 - 0	50. 20 - 8	51. 15 - 0	52. 17 - 3	53. 16 - 10	54. 15 - 7
55. 19 - 15	56. 8 - 8	57. 20 - 10	58. 16 - 13	59. 15 - 8	60. 19 - 5

Single and Double Digits

0-20

Name: ____________________ **Date:** __________

Start Time: ______________ **End Time:** ______________

Score: ______ / 60

1. 10 - 1	2. 13 - 8	3. 7 - 2	4. 2 - 1	5. 3 - 3	6. 7 - 4
7. 7 - 6	8. 17 - 7	9. 18 - 4	10. 15 - 6	11. 8 - 5	12. 9 - 7
13 20 - 0	14. 7 - 6	15. 6 - 1	16. 11 - 1	17. 9 - 3	18. 16 - 1
19. 12 - 7	20. 19 - 0	21. 17 - 1	22. 11 - 3	23. 20 - 1	24. 6 - 0
25. 16 - 5	26. 15 - 12	27. 13 - 4	28. 14 - 13	29. 5 - 2	30. 15 - 5
31. 18 - 8	32. 19 - 0	33. 9 - 4	34. 7 - 1	35. 11 - 1	36. 12 - 6
37. 20 - 1	38. 17 - 15	39. 10 - 8	40. 5 - 1	41. 11 - 0	42. 12 - 9
43. 17 - 5	44. 3 - 1	45. 19 - 9	46. 16 - 8	47. 18 - 1	48. 15 - 4
49. 17 - 2	50. 20 - 20	51. 18 - 10	52. 16 - 6	53. 14 - 8	54. 12 - 10
55. 13 - 3	56. 15 - 4	57. 7 - 3	58. 17 - 7	59. 14 - 12	60. 5 - 5

Single and Double Digits
0-20

Name: ______________________ **Date:** ___________

Start Time: ______________ **End Time:** ______________

Score: ______
60

1. 16 - 4	2. 18 - 9	3. 4 - 4	4. 13 - 2	5. 16 - 3	6. 16 - 9
7. 17 - 1	8. 7 - 5	9. 9 - 2	10. 12 - 7	11. 15 - 7	12. 9 - 8
13 12 - 8	14. 7 - 5	15. 14 - 9	16. 16 - 8	17. 18 - 1	18. 11 - 2
19. 9 - 2	20. 4 - 1	21. 20 - 1	22. 17 - 4	23. 5 - 5	24. 5 - 2
25. 9 - 1	26. 17 - 13	27. 19 - 1	28. 13 - 5	29. 1 - 0	30. 20 - 10
31. 9 - 2	32. 14 - 11	33. 18 - 10	34. 12 - 8	35. 16 - 13	36. 20 - 4
37. 11 - 0	38. 14 - 13	39. 16 - 12	40. 19 - 8	41. 12 - 6	42. 11 - 3
43. 14 - 10	44. 9 - 2	45. 13 - 8	46. 17 - 2	47. 17 - 3	48. 19 - 5
49. 16 - 13	50. 20 - 3	51. 15 - 14	52. 17 - 16	53. 18 - 2	54. 11 - 9
55. 15 - 5	56. 6 - 0	57. 4 - 4	58. 16 - 15	59. 10 - 3	60. 4 - 1

Name: _____ **Date:** _____

Start Time: _____ **End Time:** _____

Score: _____
60

1.	2.	3.	4.	5.	6.
3 - 0	19 - 8	11 - 2	16 - 5	10 - 3	7 - 2
7.	8.	9.	10.	11.	12.
20 - 6	9 - 2	7 - 5	5 - 3	10 - 1	15 - 0
13.	14.	15.	16.	17.	18.
7 - 2	6 - 2	8 - 4	18 - 6	6 - 2	13 - 4
19.	20.	21.	22.	23.	24.
20 - 9	11 - 6	10 - 2	17 - 6	4 - 2	7 - 0
25.	26.	27.	28.	29.	30.
7 - 6	4 - 3	16 - 1	5 - 1	18 - 12	15 - 10
31.	32.	33.	34.	35.	36.
18 - 3	6 - 3	16 - 0	15 - 11	13 - 5	13 - 1
37.	38.	39.	40.	41.	42.
11 - 3	19 - 0	12 - 10	17 - 5	16 - 10	20 - 16
43.	44.	45.	46.	47.	48.
17 - 16	9 - 6	16 - 6	16 - 12	1 - 0	6 - 2
49.	50.	51.	52.	53.	54.
17 - 15	11 - 2	17 - 4	16 - 9	11 - 1	5 - 0
55.	56.	57.	58.	59.	60.
12 - 9	10 - 4	18 - 11	18 - 1	10 - 0	19 - 18

Name: _____ **Date:** _____

Start Time: _____ **End Time:** _____

Score: _____

60

1.	2.	3.	4.	5.	6.
11 - 5	15 - 2	5 - 4	6 - 6	15 - 9	14 - 5
7.	8.	9.	10.	11.	12.
13 - 1	11 - 4	13 - 9	15 - 7	7 - 5	10 - 5
13	14.	15.	16.	17.	18.
18 - 0	0 - 0	7 - 2	7 - 1	11 - 4	13 - 1
19.	20.	21.	22.	23.	24.
3 - 1	13 - 5	19 - 7	8 - 7	12 - 6	14 - 9
25.	26.	27.	28.	29.	30.
10 - 3	5 - 0	18 - 18	13 - 4	8 - 8	19 - 17
31.	32.	33.	34.	35.	36.
5 - 0	16 - 1	9 - 0	12 - 4	18 - 10	15 - 6
37.	38.	39.	40.	41.	42.
3 - 1	11 - 2	20 - 12	6 - 1	17 - 5	20 - 18
43.	44.	45.	46.	47.	48.
10 - 7	18 - 12	17 - 2	1 - 1	5 - 2	16 - 0
49.	50.	51.	52.	53.	54.
13 - 11	11 - 5	4 - 3	17 - 2	11 - 5	10 - 9
55.	56.	57.	58.	59.	60.
14 - 2	18 - 0	7 - 3	19 - 7	14 - 6	12 - 8

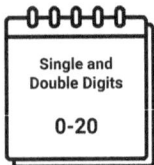

Single and Double Digits

0-20

Name: ____________ Date: ____________

Start Time: ____________ End Time: ____________

Score: ____ / 60

1. 5 - 4	2. 4 - 0	3. 7 - 3	4. 19 - 7	5. 9 - 2	6. 16 - 5
7. 1 - 0	8. 17 - 3	9. 4 - 1	10. 12 - 4	11. 7 - 0	12. 20 - 0
13 17 - 3	14. 9 - 7	15. 2 - 1	16. 1 - 0	17. 5 - 0	18. 17 - 7
19. 5 - 5	20. 5 - 3	21. 5 - 3	22. 7 - 2	23. 8 - 4	24. 7 - 5
25. 15 - 1	26. 6 - 4	27. 18 - 10	28. 9 - 1	29. 14 - 11	30. 10 - 0
31. 14 - 7	32. 17 - 12	33. 19 - 11	34. 8 - 0	35. 3 - 2	36. 20 - 14
37. 20 - 19	38. 18 - 13	39. 8 - 1	40. 3 - 0	41. 10 - 3	42. 15 - 11
43. 10 - 4	44. 12 - 11	45. 8 - 7	46. 16 - 1	47. 12 - 12	48. 3 - 2
49. 9 - 4	50. 16 - 8	51. 16 - 3	52. 11 - 5	53. 11 - 9	54. 15 - 5
55. 14 - 4	56. 19 - 0	57. 5 - 4	58. 8 - 2	59. 11 - 9	60. 16 - 7

Single and Double Digits

0-20

Name: ____________________ **Date:** __________

Start Time: ______________ **End Time:** ______________

Score: ______ / 60

1. 7 - 0	2. 8 - 1	3. 7 - 1	4. 10 - 6	5. 9 - 3	6. 15 - 1
7. 13 - 9	8. 17 - 4	9. 8 - 8	10. 18 - 3	11. 8 - 2	12. 16 - 4
13 5 - 5	14. 16 - 9	15. 9 - 4	16. 7 - 2	17. 18 - 3	18. 18 - 8
19. 12 - 5	20. 12 - 7	21. 17 - 8	22. 9 - 7	23. 6 - 5	24. 9 - 8
25. 20 - 4	26. 17 - 4	27. 16 - 12	28. 16 - 14	29. 17 - 1	30. 8 - 5
31. 10 - 4	32. 18 - 7	33. 15 - 1	34. 6 - 1	35. 14 - 11	36. 14 - 10
37. 7 - 4	38. 19 - 3	39. 5 - 5	40. 12 - 0	41. 18 - 15	42. 18 - 6
43. 19 - 8	44. 9 - 7	45. 5 - 3	46. 17 - 7	47. 18 - 3	48. 2 - 0
49. 20 - 13	50. 16 - 14	51. 15 - 6	52. 18 - 12	53. 5 - 0	54. 13 - 0
55. 11 - 0	56. 18 - 4	57. 15 - 4	58. 19 - 5	59. 12 - 3	60. 16 - 12

Single and Double Digits

0-20

Name: ______________________ **Date:** __________

Start Time: ______________ **End Time:** ______________

Score: ______ / 60

1. 5 - 0	2. 16 - 6	3. 6 - 2	4. 13 - 6	5. 5 - 5	6. 3 - 2
7. 9 - 6	8. 11 - 0	9. 6 - 5	10. 17 - 0	11. 13 - 0	12. 10 - 1
13 4 - 1	14. 1 - 1	15. 8 - 6	16. 7 - 0	17. 17 - 2	18. 14 - 9
19. 6 - 1	20. 7 - 3	21. 12 - 3	22. 8 - 4	23. 20 - 7	24. 17 - 1
25. 6 - 5	26. 13 - 10	27. 15 - 3	28. 19 - 18	29. 19 - 8	30. 17 - 8
31. 12 - 3	32. 19 - 2	33. 20 - 17	34. 15 - 14	35. 11 - 7	36. 12 - 9
37. 19 - 11	38. 20 - 9	39. 15 - 8	40. 1 - 0	41. 13 - 7	42. 18 - 17
43. 11 - 3	44. 15 - 3	45. 9 - 7	46. 3 - 3	47. 20 - 18	48. 14 - 7
49. 19 - 17	50. 6 - 5	51. 3 - 1	52. 17 - 12	53. 10 - 6	54. 14 - 11
55. 10 - 8	56. 13 - 10	57. 20 - 2	58. 20 - 10	59. 11 - 1	60. 19 - 4

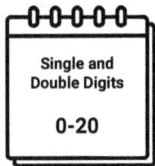

Single and Double Digits
0-20

Name: ____________________ **Date:** __________

Start Time: ______________ **End Time:** ______________

Score: ______
60

1. 2 - 1	2. 9 - 9	3. 2 - 1	4. 9 - 8	5. 7 - 6	6. 2 - 2
7. 3 - 3	8. 9 - 7	9. 9 - 1	10. 17 - 5	11. 18 - 1	12. 6 - 5
13 4 - 3	14. 11 - 5	15. 10 - 9	16. 5 - 1	17. 5 - 2	18. 2 - 2
19. 3 - 3	20. 4 - 4	21. 5 - 4	22. 6 - 1	23. 9 - 0	24. 1 - 0
25. 5 - 1	26. 7 - 7	27. 10 - 10	28. 15 - 2	29. 0 - 0	30. 7 - 4
31. 18 - 3	32. 14 - 4	33. 7 - 2	34. 18 - 7	35. 10 - 4	36. 18 - 7
37. 16 - 1	38. 15 - 2	39. 19 - 0	40. 19 - 13	41. 8 - 0	42. 1 - 0
43. 15 - 6	44. 12 - 2	45. 16 - 8	46. 13 - 3	47. 15 - 12	48. 9 - 7
49. 18 - 17	50. 13 - 13	51. 17 - 3	52. 8 - 8	53. 19 - 16	54. 13 - 12
55. 19 - 1	56. 17 - 6	57. 12 - 2	58. 18 - 8	59. 13 - 10	60. 15 - 14

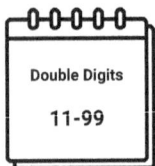

Double Digits
11-99

Name: ______________________ **Date:** ____________

Start Time: ______________ **End Time:** ______________

Score: ______
60

1. 30 - 11	2. 93 - 58	3. 87 - 19	4. 50 - 18	5. 90 - 87	6. 69 - 11
7. 87 - 85	8. 81 - 54	9. 62 - 22	10. 72 - 43	11. 74 - 16	12. 58 - 36
13 90 - 57	14. 54 - 44	15. 75 - 33	16. 47 - 37	17. 70 - 47	18. 69 - 27
19. 73 - 17	20. 95 - 57	21. 51 - 35	22. 75 - 13	23. 52 - 38	24. 70 - 43
25. 81 - 29	26. 92 - 26	27. 53 - 52	28. 85 - 22	29. 28 - 23	30. 82 - 28
31. 37 - 34	32. 43 - 23	33. 87 - 51	34. 38 - 22	35. 25 - 25	36. 73 - 57
37. 91 - 30	38. 35 - 28	39. 65 - 63	40. 55 - 21	41. 95 - 88	42. 42 - 25
43. 86 - 33	44. 40 - 23	45. 71 - 58	46. 69 - 31	47. 47 - 31	48. 99 - 54
49. 74 - 69	50. 96 - 54	51. 93 - 45	52. 65 - 32	53. 82 - 34	54. 50 - 34
55. 78 - 63	56. 88 - 77	57. 84 - 57	58. 85 - 25	59. 94 - 29	60. 83 - 79

Double Digits

11-99

Name: ____________________ **Date:** __________

Start Time: ______________ **End Time:** ______________

Score: ______ / 60

1. 85 - 56	2. 46 - 37	3. 81 - 26	4. 76 - 24	5. 90 - 54	6. 64 - 16
7. 44 - 30	8. 90 - 72	9. 48 - 29	10. 71 - 18	11. 88 - 87	12. 76 - 58
13 46 - 38	14. 76 - 25	15. 91 - 67	16. 51 - 13	17. 86 - 16	18. 55 - 49
19. 98 - 47	20. 39 - 35	21. 23 - 18	22. 89 - 63	23. 72 - 12	24. 73 - 40
25. 61 - 43	26. 39 - 28	27. 93 - 70	28. 46 - 23	29. 34 - 29	30. 66 - 60
31. 53 - 28	32. 99 - 88	33. 51 - 22	34. 52 - 47	35. 44 - 38	36. 71 - 55
37. 83 - 35	38. 96 - 71	39. 37 - 31	40. 41 - 41	41. 98 - 61	42. 97 - 28
43. 91 - 66	44. 79 - 67	45. 72 - 49	46. 64 - 42	47. 59 - 56	48. 86 - 32
49. 40 - 25	50. 77 - 40	51. 95 - 52	52. 77 - 60	53. 72 - 71	54. 36 - 23
55. 51 - 33	56. 83 - 25	57. 69 - 54	58. 85 - 30	59. 75 - 34	60. 98 - 29

Double Digits

11-99

Name: ____________________ **Date:** __________

Start Time: ______________ **End Time:** ______________

Score: ______ / 60

1. 25 - 12	2. 86 - 13	3. 83 - 41	4. 81 - 15	5. 66 - 46	6. 84 - 62
7. 84 - 82	8. 95 - 70	9. 84 - 21	10. 81 - 29	11. 74 - 37	12. 95 - 89
13 92 - 32	14. 26 - 12	15. 71 - 32	16. 90 - 39	17. 66 - 63	18. 96 - 66
19. 91 - 89	20. 90 - 14	21. 60 - 12	22. 93 - 88	23. 76 - 69	24. 92 - 82
25. 59 - 30	26. 84 - 80	27. 85 - 72	28. 37 - 37	29. 84 - 62	30. 60 - 58
31. 86 - 79	32. 85 - 85	33. 31 - 22	34. 73 - 61	35. 47 - 37	36. 82 - 52
37. 74 - 56	38. 92 - 82	39. 99 - 34	40. 60 - 56	41. 48 - 37	42. 94 - 91
43. 44 - 31	44. 71 - 67	45. 69 - 21	46. 67 - 55	47. 78 - 61	48. 99 - 59
49. 99 - 43	50. 79 - 51	51. 82 - 39	52. 64 - 52	53. 50 - 48	54. 84 - 29
55. 90 - 72	56. 74 - 70	57. 63 - 36	58. 72 - 50	59. 83 - 34	60. 91 - 64

Name: _____ **Date:** _____

Start Time: _____ **End Time:** _____

Score: _____

60

1.	2.	3.	4.	5.	6.

$$
\begin{array}{r} 57 \\ -35 \\ \hline \end{array}
\quad
\begin{array}{r} 60 \\ -44 \\ \hline \end{array}
\quad
\begin{array}{r} 98 \\ -84 \\ \hline \end{array}
\quad
\begin{array}{r} 93 \\ -78 \\ \hline \end{array}
\quad
\begin{array}{r} 99 \\ -87 \\ \hline \end{array}
\quad
\begin{array}{r} 53 \\ -13 \\ \hline \end{array}
$$

7.	8.	9.	10.	11.	12.

$$
\begin{array}{r} 86 \\ -14 \\ \hline \end{array}
\quad
\begin{array}{r} 80 \\ -15 \\ \hline \end{array}
\quad
\begin{array}{r} 57 \\ -12 \\ \hline \end{array}
\quad
\begin{array}{r} 98 \\ -20 \\ \hline \end{array}
\quad
\begin{array}{r} 62 \\ -38 \\ \hline \end{array}
\quad
\begin{array}{r} 75 \\ -61 \\ \hline \end{array}
$$

13	14.	15.	16.	17.	18.

$$
\begin{array}{r} 74 \\ -62 \\ \hline \end{array}
\quad
\begin{array}{r} 79 \\ -40 \\ \hline \end{array}
\quad
\begin{array}{r} 46 \\ -26 \\ \hline \end{array}
\quad
\begin{array}{r} 60 \\ -48 \\ \hline \end{array}
\quad
\begin{array}{r} 77 \\ -60 \\ \hline \end{array}
\quad
\begin{array}{r} 88 \\ -83 \\ \hline \end{array}
$$

19.	20.	21.	22.	23.	24.

$$
\begin{array}{r} 95 \\ -14 \\ \hline \end{array}
\quad
\begin{array}{r} 68 \\ -30 \\ \hline \end{array}
\quad
\begin{array}{r} 53 \\ -34 \\ \hline \end{array}
\quad
\begin{array}{r} 70 \\ -52 \\ \hline \end{array}
\quad
\begin{array}{r} 67 \\ -40 \\ \hline \end{array}
\quad
\begin{array}{r} 78 \\ -24 \\ \hline \end{array}
$$

25.	26.	27.	28.	29.	30.

$$
\begin{array}{r} 51 \\ -13 \\ \hline \end{array}
\quad
\begin{array}{r} 83 \\ -63 \\ \hline \end{array}
\quad
\begin{array}{r} 91 \\ -52 \\ \hline \end{array}
\quad
\begin{array}{r} 77 \\ -49 \\ \hline \end{array}
\quad
\begin{array}{r} 46 \\ -32 \\ \hline \end{array}
\quad
\begin{array}{r} 76 \\ -23 \\ \hline \end{array}
$$

31.	32.	33.	34.	35.	36.

$$
\begin{array}{r} 83 \\ -40 \\ \hline \end{array}
\quad
\begin{array}{r} 30 \\ -28 \\ \hline \end{array}
\quad
\begin{array}{r} 46 \\ -22 \\ \hline \end{array}
\quad
\begin{array}{r} 91 \\ -39 \\ \hline \end{array}
\quad
\begin{array}{r} 72 \\ -24 \\ \hline \end{array}
\quad
\begin{array}{r} 97 \\ -25 \\ \hline \end{array}
$$

37.	38.	39.	40.	41.	42.

$$
\begin{array}{r} 67 \\ -63 \\ \hline \end{array}
\quad
\begin{array}{r} 41 \\ -37 \\ \hline \end{array}
\quad
\begin{array}{r} 43 \\ -28 \\ \hline \end{array}
\quad
\begin{array}{r} 54 \\ -52 \\ \hline \end{array}
\quad
\begin{array}{r} 98 \\ -54 \\ \hline \end{array}
\quad
\begin{array}{r} 81 \\ -73 \\ \hline \end{array}
$$

43.	44.	45.	46.	47.	48.

$$
\begin{array}{r} 97 \\ -82 \\ \hline \end{array}
\quad
\begin{array}{r} 61 \\ -34 \\ \hline \end{array}
\quad
\begin{array}{r} 75 \\ -37 \\ \hline \end{array}
\quad
\begin{array}{r} 44 \\ -22 \\ \hline \end{array}
\quad
\begin{array}{r} 94 \\ -43 \\ \hline \end{array}
\quad
\begin{array}{r} 97 \\ -46 \\ \hline \end{array}
$$

49.	50.	51.	52.	53.	54.

$$
\begin{array}{r} 44 \\ -25 \\ \hline \end{array}
\quad
\begin{array}{r} 82 \\ -47 \\ \hline \end{array}
\quad
\begin{array}{r} 46 \\ -34 \\ \hline \end{array}
\quad
\begin{array}{r} 68 \\ -37 \\ \hline \end{array}
\quad
\begin{array}{r} 63 \\ -42 \\ \hline \end{array}
\quad
\begin{array}{r} 90 \\ -55 \\ \hline \end{array}
$$

55.	56.	57.	58.	59.	60.

$$
\begin{array}{r} 49 \\ -48 \\ \hline \end{array}
\quad
\begin{array}{r} 89 \\ -48 \\ \hline \end{array}
\quad
\begin{array}{r} 86 \\ -33 \\ \hline \end{array}
\quad
\begin{array}{r} 78 \\ -64 \\ \hline \end{array}
\quad
\begin{array}{r} 88 \\ -56 \\ \hline \end{array}
\quad
\begin{array}{r} 72 \\ -44 \\ \hline \end{array}
$$

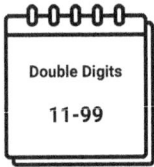

Double Digits
11-99

Name: ____________________ Date: __________

Start Time: ______________ End Time: ______________

Score: ______
60

1. 42 - 20	2. 45 - 26	3. 50 - 40	4. 69 - 58	5. 78 - 74	6. 22 - 10
7. 73 - 18	8. 59 - 34	9. 69 - 53	10. 45 - 33	11. 87 - 86	12. 97 - 61
13 64 - 51	14. 74 - 44	15. 72 - 37	16. 77 - 57	17. 94 - 75	18. 36 - 16
19. 57 - 50	20. 90 - 68	21. 51 - 12	22. 64 - 40	23. 86 - 51	24. 87 - 84
25. 97 - 96	26. 31 - 23	27. 72 - 30	28. 36 - 22	29. 92 - 29	30. 79 - 76
31. 70 - 49	32. 87 - 67	33. 97 - 67	34. 70 - 34	35. 71 - 65	36. 97 - 44
37. 50 - 21	38. 96 - 40	39. 75 - 60	40. 65 - 44	41. 75 - 53	42. 49 - 35
43. 41 - 26	44. 84 - 82	45. 93 - 86	46. 87 - 57	47. 53 - 50	48. 81 - 50
49. 65 - 26	50. 80 - 65	51. 96 - 41	52. 99 - 31	53. 74 - 62	54. 99 - 82
55. 93 - 24	56. 85 - 35	57. 85 - 64	58. 39 - 24	59. 55 - 24	60. 73 - 47

Name: _____ **Date:** _____

Start Time: _____ **End Time:** _____

Score: _____

60

1.	2.	3.	4.	5.	6.
75 - 30	32 - 18	72 - 39	92 - 46	96 - 78	79 - 23
7.	8.	9.	10.	11.	12.
40 - 32	56 - 22	36 - 27	39 - 16	43 - 36	48 - 14
13	14.	15.	16.	17.	18.
78 - 10	36 - 35	88 - 60	92 - 35	89 - 45	15 - 11
19.	20.	21.	22.	23.	24.
67 - 33	70 - 67	91 - 64	97 - 17	85 - 80	96 - 33
25.	26.	27.	28.	29.	30.
78 - 12	47 - 21	65 - 51	81 - 57	65 - 52	28 - 21
31.	32.	33.	34.	35.	36.
48 - 45	90 - 62	88 - 54	85 - 71	62 - 40	54 - 39
37.	38.	39.	40.	41.	42.
83 - 76	78 - 76	91 - 89	90 - 45	87 - 46	64 - 58
43.	44.	45.	46.	47.	48.
95 - 54	99 - 36	61 - 54	46 - 44	98 - 92	69 - 26
49.	50.	51.	52.	53.	54.
96 - 74	58 - 55	79 - 69	31 - 22	30 - 21	91 - 88
55.	56.	57.	58.	59.	60.
73 - 30	75 - 30	72 - 31	86 - 59	76 - 22	69 - 63

Double Digits
11-99

Name: ______________________ Date: ____________

Start Time: ______________ End Time: ______________

Score: ______ / 60

1. 78 - 65	2. 59 - 36	3. 53 - 37	4. 48 - 41	5. 90 - 51	6. 90 - 10
7. 81 - 40	8. 85 - 25	9. 66 - 59	10. 55 - 39	11. 50 - 13	12. 89 - 69
13 92 - 14	14. 95 - 12	15. 61 - 37	16. 79 - 27	17. 46 - 40	18. 67 - 64
19. 42 - 33	20. 77 - 65	21. 58 - 46	22. 85 - 54	23. 80 - 15	24. 94 - 72
25. 38 - 27	26. 43 - 26	27. 41 - 33	28. 97 - 94	29. 76 - 25	30. 88 - 79
31. 58 - 27	32. 41 - 22	33. 99 - 46	34. 54 - 51	35. 56 - 25	36. 63 - 30
37. 74 - 21	38. 86 - 49	39. 65 - 36	40. 63 - 55	41. 28 - 23	42. 89 - 60
43. 77 - 64	44. 95 - 60	45. 86 - 31	46. 32 - 27	47. 50 - 47	48. 54 - 21
49. 98 - 96	50. 70 - 60	51. 81 - 57	52. 98 - 22	53. 87 - 41	54. 92 - 31
55. 43 - 21	56. 82 - 29	57. 80 - 34	58. 51 - 25	59. 52 - 42	60. 96 - 68

Double Digits
11-99

Name: ______________________ **Date:** __________

Start Time: ______________ **End Time:** ______________

Score: ______
60

1. 62 - 43	2. 56 - 45	3. 26 - 24	4. 63 - 46	5. 21 - 13	6. 65 - 34
7. 84 - 44	8. 67 - 11	9. 19 - 16	10. 55 - 41	11. 88 - 35	12. 95 - 25
13 46 - 42	14. 48 - 30	15. 91 - 87	16. 93 - 78	17. 89 - 64	18. 55 - 12
19. 64 - 25	20. 87 - 85	21. 66 - 17	22. 36 - 11	23. 90 - 78	24. 97 - 17
25. 88 - 60	26. 79 - 76	27. 93 - 89	28. 81 - 32	29. 99 - 65	30. 78 - 61
31. 61 - 42	32. 61 - 38	33. 99 - 62	34. 79 - 42	35. 71 - 49	36. 85 - 83
37. 81 - 23	38. 43 - 42	39. 70 - 33	40. 74 - 71	41. 66 - 52	42. 78 - 43
43. 99 - 93	44. 80 - 50	45. 76 - 69	46. 46 - 33	47. 91 - 73	48. 74 - 35
49. 96 - 62	50. 77 - 68	51. 89 - 34	52. 53 - 45	53. 97 - 83	54. 83 - 61
55. 84 - 29	56. 97 - 30	57. 87 - 24	58. 35 - 23	59. 87 - 80	60. 73 - 33

Name: _____ **Date:** _____

Start Time: _____ **End Time:** _____

Score: _____

60

1.	2.	3.	4.	5.	6.
80 - 72	48 - 37	87 - 24	72 - 25	80 - 16	96 - 48
7.	8.	9.	10.	11.	12.
83 - 42	94 - 81	25 - 17	54 - 12	78 - 10	85 - 50
13	14.	15.	16.	17.	18.
11 - 10	85 - 51	94 - 14	82 - 68	60 - 47	40 - 15
19.	20.	21.	22.	23.	24.
81 - 35	99 - 60	84 - 80	69 - 64	42 - 38	86 - 66
25.	26.	27.	28.	29.	30.
85 - 53	68 - 47	90 - 85	70 - 45	77 - 49	80 - 65
31.	32.	33.	34.	35.	36.
52 - 45	56 - 28	85 - 76	81 - 24	94 - 85	66 - 50
37.	38.	39.	40.	41.	42.
95 - 49	64 - 28	98 - 41	87 - 65	82 - 29	30 - 21
43.	44.	45.	46.	47.	48.
93 - 64	61 - 58	90 - 38	97 - 61	38 - 27	87 - 21
49.	50.	51.	52.	53.	54.
97 - 96	38 - 26	95 - 87	68 - 35	29 - 29	42 - 25
55.	56.	57.	58.	59.	60.
53 - 22	89 - 63	83 - 78	23 - 21	76 - 25	79 - 47

Double Digits
11-99

Name: ______________________ **Date:** ____________

Start Time: ______________ **End Time:** ______________

Score: ______
60

1. 42 - 30	2. 44 - 14	3. 52 - 45	4. 74 - 22	5. 70 - 38	6. 73 - 18
7. 30 - 25	8. 99 - 44	9. 43 - 10	10. 39 - 15	11. 99 - 60	12. 94 - 90
13 95 - 81	14. 79 - 24	15. 74 - 11	16. 63 - 20	17. 96 - 33	18. 74 - 11
19. 84 - 74	20. 58 - 10	21. 80 - 76	22. 85 - 29	23. 90 - 55	24. 84 - 30
25. 92 - 68	26. 67 - 44	27. 86 - 71	28. 74 - 35	29. 96 - 33	30. 48 - 29
31. 72 - 49	32. 84 - 48	33. 85 - 49	34. 76 - 51	35. 55 - 43	36. 53 - 49
37. 83 - 78	38. 80 - 22	39. 99 - 69	40. 84 - 37	41. 79 - 38	42. 99 - 90
43. 97 - 25	44. 61 - 38	45. 35 - 28	46. 87 - 38	47. 88 - 52	48. 71 - 30
49. 98 - 71	50. 50 - 40	51. 51 - 47	52. 62 - 22	53. 24 - 23	54. 67 - 28
55. 82 - 82	56. 90 - 35	57. 83 - 60	58. 98 - 54	59. 93 - 52	60. 75 - 54

Name: _____ **Date:** _____

Start Time: _____ **End Time:** _____

Score: _____

60

1.	2.	3.	4.	5.	6.
90 - 87	93 - 64	93 - 32	99 - 67	78 - 66	89 - 18
7.	8.	9.	10.	11.	12.
68 - 35	83 - 41	87 - 71	73 - 31	90 - 89	83 - 19
13	14.	15.	16.	17.	18.
77 - 40	48 - 22	93 - 92	50 - 10	93 - 81	21 - 14
19.	20.	21.	22.	23.	24.
46 - 43	70 - 30	51 - 30	82 - 18	52 - 45	97 - 19
25.	26.	27.	28.	29.	30.
25 - 20	86 - 68	89 - 40	83 - 28	61 - 49	72 - 42
31.	32.	33.	34.	35.	36.
86 - 62	91 - 59	70 - 68	98 - 37	68 - 60	37 - 22
37.	38.	39.	40.	41.	42.
99 - 36	55 - 25	83 - 31	95 - 73	34 - 25	80 - 23
43.	44.	45.	46.	47.	48.
70 - 30	49 - 24	61 - 27	70 - 41	81 - 48	99 - 74
49.	50.	51.	52.	53.	54.
62 - 38	90 - 79	77 - 52	99 - 50	98 - 75	56 - 28
55.	56.	57.	58.	59.	60.
83 - 61	64 - 25	56 - 27	83 - 43	91 - 49	65 - 50

Name: _____ **Date:** _____

Start Time: _____ **End Time:** _____

Score: _____

60

1. 88 - 16	2. 95 - 44	3. 99 - 58	4. 57 - 11	5. 61 - 10	6. 69 - 49
7. 82 - 14	8. 88 - 51	9. 78 - 68	10. 84 - 11	11. 58 - 57	12. 82 - 13
13. 87 - 68	14. 88 - 52	15. 59 - 32	16. 83 - 15	17. 80 - 58	18. 83 - 50
19. 86 - 82	20. 45 - 21	21. 92 - 60	22. 50 - 19	23. 77 - 19	24. 97 - 32
25. 68 - 61	26. 79 - 78	27. 56 - 30	28. 72 - 48	29. 33 - 29	30. 69 - 53
31. 92 - 71	32. 93 - 28	33. 94 - 54	34. 90 - 50	35. 81 - 44	36. 55 - 28
37. 77 - 73	38. 88 - 47	39. 90 - 74	40. 51 - 22	41. 37 - 33	42. 84 - 25
43. 62 - 42	44. 89 - 29	45. 58 - 41	46. 42 - 42	47. 50 - 27	48. 82 - 31
49. 66 - 33	50. 70 - 58	51. 61 - 50	52. 39 - 29	53. 83 - 78	54. 75 - 28
55. 50 - 49	56. 95 - 32	57. 76 - 54	58. 71 - 25	59. 92 - 25	60. 89 - 65

Name: _____ **Date:** _____

Start Time: _____ **End Time:** _____

Score: _____

60

1.	2.	3.	4.	5.	6.
55 - 23	84 - 20	62 - 50	85 - 34	64 - 27	94 - 52
7.	8.	9.	10.	11.	12.
45 - 11	66 - 59	91 - 90	29 - 28	59 - 44	90 - 30
13	14.	15.	16.	17.	18.
94 - 44	77 - 68	59 - 33	83 - 29	43 - 33	63 - 36
19.	20.	21.	22.	23.	24.
83 - 61	90 - 31	98 - 53	65 - 46	98 - 36	72 - 64
25.	26.	27.	28.	29.	30.
22 - 10	89 - 57	95 - 59	46 - 21	57 - 39	72 - 24
31.	32.	33.	34.	35.	36.
68 - 32	72 - 23	61 - 39	31 - 29	71 - 47	49 - 41
37.	38.	39.	40.	41.	42.
27 - 22	78 - 70	92 - 43	91 - 69	54 - 37	60 - 50
43.	44.	45.	46.	47.	48.
39 - 21	43 - 29	95 - 62	57 - 31	92 - 47	54 - 24
49.	50.	51.	52.	53.	54.
47 - 32	99 - 60	66 - 41	64 - 63	50 - 27	55 - 23
55.	56.	57.	58.	59.	60.
95 - 24	96 - 46	76 - 41	81 - 56	55 - 24	57 - 31

Double Digits
11-99

Name: ____________________ **Date:** __________

Start Time: ______________ **End Time:** ______________

Score: ______
60

1. 35 - 22	2. 74 - 49	3. 70 - 51	4. 45 - 16	5. 25 - 15	6. 69 - 55
7. 61 - 28	8. 95 - 43	9. 44 - 16	10. 88 - 23	11. 48 - 37	12. 81 - 43
13 82 - 40	14. 98 - 38	15. 64 - 45	16. 76 - 25	17. 49 - 44	18. 79 - 68
19. 96 - 51	20. 89 - 22	21. 92 - 63	22. 30 - 20	23. 69 - 39	24. 83 - 22
25. 44 - 18	26. 63 - 27	27. 52 - 51	28. 81 - 66	29. 76 - 56	30. 97 - 60
31. 75 - 26	32. 84 - 27	33. 80 - 35	34. 89 - 44	35. 75 - 23	36. 81 - 58
37. 84 - 34	38. 85 - 54	39. 57 - 35	40. 94 - 45	41. 94 - 79	42. 40 - 27
43. 67 - 40	44. 73 - 57	45. 76 - 69	46. 92 - 65	47. 49 - 36	48. 63 - 50
49. 76 - 41	50. 62 - 51	51. 48 - 28	52. 97 - 53	53. 99 - 40	54. 72 - 52
55. 30 - 25	56. 75 - 32	57. 99 - 34	58. 65 - 49	59. 67 - 44	60. 92 - 38

Double Digits

11-99

Name: ____________________ **Date:** __________

Start Time: ______________ **End Time:** ______________

Score: ______
60

1. 55 - 17	2. 55 - 13	3. 90 - 14	4. 41 - 19	5. 95 - 46	6. 62 - 54
7. 95 - 35	8. 37 - 32	9. 93 - 63	10. 72 - 18	11. 75 - 49	12. 83 - 38
13 74 - 63	14. 31 - 17	15. 99 - 27	16. 40 - 14	17. 21 - 18	18. 41 - 17
19. 96 - 70	20. 90 - 85	21. 92 - 74	22. 70 - 34	23. 71 - 48	24. 34 - 12
25. 45 - 32	26. 95 - 70	27. 46 - 42	28. 81 - 34	29. 88 - 44	30. 36 - 24
31. 76 - 30	32. 99 - 31	33. 53 - 34	34. 57 - 36	35. 55 - 41	36. 78 - 54
37. 76 - 24	38. 75 - 62	39. 82 - 50	40. 60 - 55	41. 74 - 32	42. 83 - 58
43. 29 - 27	44. 82 - 79	45. 60 - 51	46. 29 - 26	47. 71 - 44	48. 26 - 24
49. 75 - 72	50. 42 - 41	51. 75 - 71	52. 60 - 40	53. 79 - 66	54. 75 - 71
55. 76 - 49	56. 74 - 27	57. 65 - 60	58. 76 - 44	59. 64 - 44	60. 78 - 30

Double Digits

11-99

Name: ____________________ **Date:** ____________

Start Time: ______________ **End Time:** ______________

Score: ______ / 60

1. 87 - 67	2. 68 - 19	3. 61 - 19	4. 32 - 26	5. 76 - 70	6. 40 - 36
7. 74 - 14	8. 75 - 71	9. 91 - 76	10. 99 - 14	11. 64 - 63	12. 83 - 83
13 82 - 33	14. 89 - 12	15. 99 - 25	16. 35 - 25	17. 59 - 21	18. 88 - 20
19. 52 - 17	20. 65 - 13	21. 36 - 11	22. 90 - 59	23. 89 - 63	24. 96 - 35
25. 82 - 11	26. 89 - 68	27. 50 - 24	28. 62 - 42	29. 57 - 24	30. 63 - 28
31. 74 - 26	32. 90 - 58	33. 77 - 58	34. 73 - 53	35. 79 - 78	36. 85 - 51
37. 36 - 23	38. 32 - 27	39. 83 - 48	40. 55 - 22	41. 70 - 63	42. 74 - 49
43. 77 - 23	44. 76 - 56	45. 74 - 69	46. 47 - 35	47. 87 - 74	48. 91 - 46
49. 93 - 32	50. 50 - 46	51. 79 - 60	52. 59 - 50	53. 52 - 27	54. 75 - 51
55. 78 - 67	56. 94 - 35	57. 66 - 25	58. 96 - 68	59. 68 - 47	60. 97 - 66

Name: _____ **Date:** _____

Start Time: _____ **End Time:** _____

Score: _____

60

1.	2.	3.	4.	5.	6.
61 - 34	75 - 32	93 - 61	98 - 87	60 - 51	93 - 29

7.	8.	9.	10.	11.	12.
91 - 70	96 - 30	95 - 32	66 - 45	52 - 21	79 - 26

13	14.	15.	16.	17.	18.
47 - 29	92 - 45	45 - 38	96 - 59	99 - 80	58 - 39

19.	20.	21.	22.	23.	24.
23 - 12	73 - 63	53 - 20	66 - 20	65 - 18	78 - 77

25.	26.	27.	28.	29.	30.
91 - 66	94 - 94	57 - 40	93 - 85	98 - 40	99 - 67

31.	32.	33.	34.	35.	36.
89 - 38	68 - 38	87 - 70	75 - 40	97 - 93	96 - 85

37.	38.	39.	40.	41.	42.
65 - 43	65 - 36	92 - 77	71 - 70	81 - 34	78 - 54

43.	44.	45.	46.	47.	48.
63 - 51	59 - 22	78 - 22	35 - 30	89 - 41	98 - 94

49.	50.	51.	52.	53.	54.
76 - 76	85 - 82	47 - 26	78 - 35	37 - 24	60 - 30

55.	56.	57.	58.	59.	60.
44 - 21	87 - 29	43 - 31	42 - 37	70 - 57	93 - 64

Double Digits
11-99

Name: ______________________ **Date:** ____________

Start Time: ______________ **End Time:** ______________

Score: ________
60

1. 99 - 13	2. 93 - 57	3. 44 - 19	4. 54 - 52	5. 27 - 13	6. 86 - 18
7. 50 - 26	8. 41 - 11	9. 94 - 60	10. 83 - 75	11. 64 - 59	12. 42 - 22
13 72 - 19	14. 90 - 70	15. 19 - 10	16. 91 - 14	17. 87 - 29	18. 41 - 17
19. 57 - 29	20. 97 - 80	21. 66 - 38	22. 97 - 63	23. 61 - 10	24. 65 - 20
25. 92 - 50	26. 49 - 28	27. 82 - 72	28. 29 - 25	29. 54 - 53	30. 98 - 38
31. 93 - 27	32. 63 - 54	33. 31 - 27	34. 77 - 70	35. 72 - 26	36. 62 - 41
37. 60 - 32	38. 57 - 35	39. 81 - 56	40. 92 - 83	41. 94 - 67	42. 90 - 38
43. 62 - 35	44. 70 - 61	45. 90 - 40	46. 84 - 83	47. 53 - 37	48. 82 - 33
49. 78 - 53	50. 96 - 32	51. 96 - 82	52. 31 - 29	53. 78 - 37	54. 95 - 29
55. 63 - 32	56. 59 - 39	57. 97 - 67	58. 58 - 33	59. 41 - 30	60. 72 - 66

Double Digits

11-99

Name: ____________________ **Date:** __________

Start Time: ______________ **End Time:** ______________

Score: ______ / 60

1. 86 - 51	2. 66 - 24	3. 83 - 40	4. 96 - 71	5. 61 - 18	6. 61 - 10
7. 40 - 17	8. 77 - 26	9. 80 - 73	10. 53 - 41	11. 93 - 12	12. 78 - 21
13 41 - 10	14. 90 - 54	15. 99 - 66	16. 94 - 48	17. 31 - 19	18. 50 - 13
19. 81 - 47	20. 97 - 48	21. 77 - 63	22. 72 - 53	23. 82 - 42	24. 81 - 18
25. 98 - 11	26. 80 - 21	27. 92 - 50	28. 78 - 25	29. 57 - 44	30. 87 - 68
31. 44 - 36	32. 71 - 66	33. 55 - 27	34. 25 - 23	35. 60 - 41	36. 30 - 21
37. 67 - 39	38. 97 - 58	39. 78 - 30	40. 64 - 56	41. 89 - 53	42. 56 - 49
43. 79 - 26	44. 96 - 61	45. 87 - 52	46. 51 - 37	47. 41 - 30	48. 52 - 50
49. 62 - 61	50. 61 - 25	51. 76 - 59	52. 61 - 55	53. 78 - 63	54. 91 - 42
55. 50 - 39	56. 86 - 31	57. 92 - 71	58. 81 - 49	59. 84 - 45	60. 48 - 44

Double Digits

11-99

Name: ______________________ **Date:** ___________

Start Time: ______________ **End Time:** ______________

Score: ______ / 60

1. 75 - 37	2. 64 - 21	3. 51 - 34	4. 76 - 56	5. 39 - 15	6. 64 - 39
7. 83 - 23	8. 96 - 84	9. 37 - 28	10. 25 - 22	11. 84 - 41	12. 83 - 38
13 99 - 91	14. 99 - 90	15. 89 - 10	16. 23 - 20	17. 67 - 29	18. 99 - 64
19. 44 - 20	20. 99 - 47	21. 87 - 42	22. 40 - 13	23. 94 - 76	24. 90 - 40
25. 71 - 37	26. 97 - 65	27. 72 - 56	28. 94 - 66	29. 59 - 43	30. 94 - 40
31. 64 - 62	32. 66 - 35	33. 30 - 29	34. 91 - 40	35. 73 - 33	36. 64 - 29
37. 89 - 59	38. 46 - 34	39. 77 - 73	40. 27 - 26	41. 88 - 75	42. 52 - 22
43. 98 - 46	44. 85 - 61	45. 81 - 38	46. 76 - 44	47. 82 - 24	48. 83 - 74
49. 76 - 46	50. 66 - 29	51. 63 - 45	52. 93 - 34	53. 79 - 32	54. 72 - 58
55. 52 - 51	56. 79 - 57	57. 83 - 42	58. 54 - 54	59. 54 - 30	60. 90 - 29

Name: ____________________ **Date:** __________

Start Time: ______________ **End Time:** ______________

Score: ______
60

1. 70 - 10	2. 92 - 56	3. 80 - 30	4. 38 - 37	5. 94 - 23	6. 72 - 71
7. 95 - 18	8. 75 - 27	9. 37 - 13	10. 51 - 36	11. 30 - 29	12. 30 - 15
13 78 - 47	14. 71 - 69	15. 22 - 18	16. 38 - 22	17. 41 - 27	18. 49 - 25
19. 84 - 39	20. 90 - 31	21. 78 - 25	22. 59 - 52	23. 91 - 36	24. 42 - 27
25. 85 - 74	26. 57 - 21	27. 59 - 56	28. 83 - 76	29. 63 - 44	30. 85 - 40
31. 71 - 70	32. 86 - 77	33. 83 - 78	34. 56 - 45	35. 87 - 57	36. 51 - 25
37. 25 - 23	38. 83 - 32	39. 58 - 38	40. 97 - 24	41. 56 - 25	42. 92 - 89
43. 72 - 25	44. 93 - 45	45. 67 - 27	46. 68 - 62	47. 97 - 23	48. 81 - 39
49. 86 - 70	50. 71 - 24	51. 95 - 69	52. 83 - 65	53. 64 - 52	54. 28 - 23
55. 72 - 51	56. 98 - 24	57. 88 - 53	58. 82 - 27	59. 34 - 21	60. 69 - 69

Double Digits

11-99

Name: ____________________ Date: __________

Start Time: ____________ End Time: ____________

Score: ______
60

1. 99 - 23	2. 44 - 36	3. 27 - 15	4. 71 - 14	5. 98 - 26	6. 31 - 12
7. 86 - 34	8. 44 - 29	9. 42 - 11	10. 94 - 40	11. 57 - 23	12. 27 - 17
13 99 - 37	14. 47 - 19	15. 55 - 45	16. 96 - 75	17. 64 - 56	18. 29 - 25
19. 47 - 10	20. 87 - 64	21. 41 - 26	22. 63 - 50	23. 64 - 31	24. 56 - 19
25. 50 - 22	26. 96 - 68	27. 96 - 38	28. 72 - 22	29. 33 - 23	30. 49 - 36
31. 74 - 71	32. 90 - 84	33. 84 - 58	34. 53 - 35	35. 82 - 51	36. 95 - 23
37. 57 - 50	38. 76 - 29	39. 93 - 65	40. 45 - 40	41. 78 - 31	42. 86 - 62
43. 90 - 58	44. 91 - 74	45. 46 - 21	46. 90 - 39	47. 69 - 65	48. 85 - 44
49. 40 - 24	50. 45 - 39	51. 97 - 86	52. 78 - 24	53. 90 - 82	54. 81 - 53
55. 92 - 62	56. 77 - 59	57. 61 - 25	58. 72 - 45	59. 95 - 68	60. 62 - 22

Name: ______________________ **Date:** __________

Start Time: ______________ **End Time:** ______________

Score: ______ / 60

1. 31 - 27	2. 71 - 27	3. 96 - 61	4. 50 - 18	5. 81 - 56	6. 75 - 12
7. 98 - 98	8. 44 - 30	9. 45 - 31	10. 80 - 25	11. 91 - 71	12. 83 - 66
13 66 - 10	14. 94 - 83	15. 86 - 73	16. 84 - 33	17. 95 - 51	18. 71 - 41
19. 35 - 16	20. 39 - 26	21. 90 - 69	22. 63 - 61	23. 37 - 11	24. 60 - 44
25. 97 - 70	26. 72 - 48	27. 95 - 74	28. 77 - 40	29. 95 - 60	30. 87 - 45
31. 63 - 44	32. 66 - 37	33. 81 - 21	34. 33 - 32	35. 53 - 42	36. 73 - 33
37. 54 - 37	38. 77 - 30	39. 85 - 53	40. 54 - 35	41. 66 - 43	42. 96 - 60
43. 69 - 64	44. 84 - 75	45. 92 - 37	46. 96 - 72	47. 73 - 58	48. 98 - 84
49. 98 - 21	50. 39 - 23	51. 55 - 53	52. 93 - 39	53. 77 - 57	54. 82 - 37
55. 81 - 29	56. 83 - 61	57. 74 - 22	58. 93 - 81	59. 85 - 73	60. 84 - 53

Double Digits

11-99

Name: ______________________ **Date:** __________

Start Time: ______________ **End Time:** ______________

Score: ______ 60

1. 77 - 37	2. 79 - 12	3. 87 - 24	4. 97 - 68	5. 79 - 63	6. 96 - 86
7. 72 - 26	8. 30 - 11	9. 73 - 56	10. 89 - 84	11. 80 - 10	12. 47 - 10
13 73 - 37	14. 55 - 35	15. 44 - 16	16. 86 - 72	17. 83 - 73	18. 57 - 24
19. 88 - 60	20. 72 - 60	21. 36 - 23	22. 96 - 19	23. 36 - 25	24. 54 - 51
25. 59 - 47	26. 47 - 38	27. 77 - 48	28. 75 - 36	29. 47 - 28	30. 65 - 21
31. 85 - 63	32. 81 - 50	33. 90 - 65	34. 80 - 59	35. 83 - 58	36. 89 - 24
37. 99 - 36	38. 87 - 72	39. 77 - 53	40. 51 - 21	41. 67 - 46	42. 80 - 62
43. 67 - 53	44. 86 - 77	45. 38 - 36	46. 69 - 41	47. 44 - 29	48. 90 - 21
49. 95 - 76	50. 49 - 37	51. 45 - 31	52. 50 - 22	53. 85 - 61	54. 77 - 44
55. 64 - 42	56. 52 - 39	57. 96 - 70	58. 62 - 22	59. 65 - 32	60. 82 - 30

Name: _____ **Date:** _____

Start Time: _____ **End Time:** _____

Score: _____

60

1.	2.	3.	4.	5.	6.
93 - 26	86 - 77	68 - 58	85 - 58	77 - 34	49 - 35
7.	8.	9.	10.	11.	12.
57 - 35	82 - 23	89 - 54	74 - 37	31 - 20	73 - 19
13	14.	15.	16.	17.	18.
71 - 19	67 - 43	79 - 38	99 - 48	93 - 66	73 - 71
19.	20.	21.	22.	23.	24.
87 - 75	92 - 89	64 - 12	45 - 43	97 - 95	51 - 35
25.	26.	27.	28.	29.	30.
94 - 79	87 - 81	71 - 25	55 - 38	97 - 24	71 - 29
31.	32.	33.	34.	35.	36.
73 - 73	84 - 65	96 - 87	95 - 73	67 - 51	74 - 30
37.	38.	39.	40.	41.	42.
69 - 42	61 - 58	76 - 41	88 - 37	51 - 22	77 - 31
43.	44.	45.	46.	47.	48.
77 - 56	99 - 64	91 - 57	95 - 68	79 - 27	79 - 46
49.	50.	51.	52.	53.	54.
91 - 47	97 - 22	60 - 26	99 - 66	36 - 22	42 - 36
55.	56.	57.	58.	59.	60.
47 - 36	93 - 82	77 - 66	76 - 72	99 - 41	75 - 51

Double Digits

11-99

Name: ______________________ **Date:** ____________

Start Time: ______________ **End Time:** ______________

Score: ______ / 60

1. 45 - 34	2. 61 - 35	3. 70 - 15	4. 85 - 48	5. 96 - 21	6. 74 - 31
7. 77 - 70	8. 93 - 54	9. 93 - 10	10. 92 - 10	11. 54 - 40	12. 58 - 22
13 90 - 75	14. 57 - 50	15. 75 - 42	16. 53 - 42	17. 88 - 84	18. 58 - 10
19. 53 - 38	20. 37 - 10	21. 91 - 73	22. 62 - 42	23. 42 - 34	24. 84 - 46
25. 99 - 79	26. 79 - 71	27. 86 - 26	28. 92 - 86	29. 95 - 29	30. 91 - 69
31. 48 - 29	32. 59 - 26	33. 97 - 80	34. 71 - 28	35. 71 - 36	36. 73 - 73
37. 58 - 49	38. 61 - 32	39. 57 - 40	40. 85 - 36	41. 88 - 21	42. 57 - 50
43. 65 - 63	44. 98 - 42	45. 66 - 58	46. 56 - 53	47. 80 - 59	48. 88 - 75
49. 95 - 34	50. 67 - 26	51. 95 - 90	52. 93 - 63	53. 71 - 32	54. 38 - 24
55. 62 - 56	56. 68 - 53	57. 45 - 41	58. 93 - 52	59. 97 - 43	60. 70 - 55

Double Digits
11-99

Name: ______________________ **Date:** ____________

Start Time: ______________ **End Time:** ______________

Score: ______ / 60

1. 48 - 20	2. 63 - 45	3. 92 - 32	4. 53 - 44	5. 67 - 24	6. 80 - 14
7. 23 - 17	8. 60 - 30	9. 52 - 26	10. 94 - 15	11. 79 - 76	12. 56 - 32
13 85 - 61	14. 86 - 16	15. 73 - 27	16. 58 - 49	17. 51 - 35	18. 66 - 63
19. 51 - 46	20. 88 - 81	21. 47 - 35	22. 71 - 16	23. 75 - 70	24. 32 - 19
25. 96 - 49	26. 73 - 44	27. 49 - 25	28. 99 - 87	29. 41 - 29	30. 45 - 30
31. 35 - 32	32. 53 - 26	33. 76 - 69	34. 64 - 29	35. 87 - 54	36. 91 - 52
37. 72 - 42	38. 98 - 90	39. 74 - 69	40. 76 - 39	41. 74 - 49	42. 71 - 67
43. 65 - 36	44. 75 - 57	45. 92 - 28	46. 61 - 37	47. 84 - 83	48. 86 - 39
49. 74 - 25	50. 80 - 65	51. 54 - 42	52. 52 - 39	53. 74 - 40	54. 59 - 50
55. 71 - 37	56. 53 - 44	57. 92 - 86	58. 97 - 52	59. 95 - 61	60. 52 - 25

Double Digits
11-99

Name: ____________________ **Date:** __________

Start Time: __________ **End Time:** __________

Score: ______
60

1. 62 - 16	2. 30 - 11	3. 64 - 30	4. 50 - 36	5. 91 - 42	6. 82 - 80
7. 97 - 65	8. 84 - 44	9. 89 - 16	10. 79 - 68	11. 96 - 77	12. 81 - 22
13 89 - 39	14. 90 - 69	15. 35 - 18	16. 85 - 10	17. 83 - 25	18. 82 - 36
19. 67 - 59	20. 64 - 11	21. 44 - 18	22. 45 - 25	23. 48 - 27	24. 52 - 22
25. 65 - 57	26. 99 - 64	27. 76 - 35	28. 84 - 73	29. 55 - 46	30. 37 - 33
31. 85 - 42	32. 89 - 67	33. 59 - 21	34. 75 - 39	35. 79 - 77	36. 55 - 27
37. 81 - 53	38. 91 - 65	39. 68 - 42	40. 51 - 31	41. 92 - 65	42. 45 - 39
43. 83 - 24	44. 47 - 22	45. 94 - 87	46. 47 - 34	47. 98 - 48	48. 90 - 79
49. 40 - 24	50. 66 - 62	51. 93 - 34	52. 70 - 45	53. 87 - 42	54. 81 - 80
55. 83 - 66	56. 78 - 72	57. 81 - 35	58. 94 - 50	59. 46 - 33	60. 67 - 65

Double Digits

11-99

Name: ______________________ **Date:** ____________

Start Time: ______________ **End Time:** ______________

Score: ______ / 60

1. 95 - 10	2. 82 - 12	3. 48 - 13	4. 97 - 78	5. 92 - 39	6. 90 - 89
7. 95 - 60	8. 51 - 23	9. 95 - 45	10. 97 - 29	11. 70 - 43	12. 74 - 34
13 73 - 66	14. 79 - 45	15. 57 - 54	16. 85 - 52	17. 73 - 43	18. 53 - 25
19. 58 - 22	20. 83 - 75	21. 77 - 45	22. 63 - 32	23. 79 - 66	24. 70 - 33
25. 58 - 48	26. 76 - 70	27. 93 - 51	28. 95 - 39	29. 66 - 38	30. 79 - 40
31. 45 - 26	32. 99 - 96	33. 97 - 52	34. 43 - 38	35. 83 - 60	36. 62 - 58
37. 54 - 46	38. 89 - 82	39. 69 - 21	40. 88 - 86	41. 91 - 42	42. 55 - 23
43. 88 - 73	44. 28 - 27	45. 75 - 52	46. 83 - 57	47. 70 - 23	48. 97 - 95
49. 91 - 47	50. 79 - 77	51. 96 - 86	52. 60 - 33	53. 85 - 45	54. 88 - 73
55. 68 - 56	56. 75 - 28	57. 64 - 63	58. 38 - 30	59. 76 - 56	60. 82 - 34

Name: ______________________ **Date:** __________

Start Time: ______________ **End Time:** ______________

Score: ______
60

1. 30 - 20	2. 86 - 66	3. 61 - 21	4. 45 - 39	5. 56 - 19	6. 81 - 72
7. 40 - 28	8. 91 - 77	9. 83 - 75	10. 53 - 36	11. 35 - 33	12. 72 - 36
13 90 - 88	14. 59 - 10	15. 69 - 40	16. 75 - 25	17. 66 - 20	18. 87 - 68
19. 80 - 37	20. 94 - 46	21. 56 - 12	22. 93 - 88	23. 90 - 38	24. 20 - 18
25. 49 - 23	26. 95 - 58	27. 84 - 80	28. 70 - 55	29. 79 - 74	30. 78 - 62
31. 77 - 39	32. 89 - 31	33. 93 - 86	34. 83 - 77	35. 91 - 75	36. 46 - 21
37. 61 - 29	38. 49 - 46	39. 73 - 44	40. 71 - 63	41. 90 - 67	42. 63 - 49
43. 64 - 54	44. 58 - 25	45. 59 - 42	46. 80 - 40	47. 77 - 57	48. 54 - 32
49. 83 - 55	50. 34 - 22	51. 60 - 51	52. 69 - 67	53. 55 - 32	54. 76 - 60
55. 80 - 49	56. 82 - 71	57. 42 - 32	58. 95 - 92	59. 72 - 32	60. 96 - 36

Name: ____________________ **Date:** ____________

Start Time: ______________ **End Time:** ______________

Score: ______ / 60

1.	2.	3.	4.	5.	6.
77	86	73	87	58	54
- 54	- 51	- 72	- 32	- 38	- 25
7.	8.	9.	10.	11.	12.
42	97	42	42	64	57
- 24	- 58	- 17	- 27	- 51	- 30
13	14.	15.	16.	17.	18.
73	87	40	81	67	54
- 58	- 29	- 39	- 10	- 10	- 29
19.	20.	21.	22.	23.	24.
84	62	98	86	36	61
- 57	- 59	- 53	- 41	- 25	- 19
25.	26.	27.	28.	29.	30.
88	98	67	74	76	54
- 25	- 58	- 43	- 68	- 49	- 31
31.	32.	33.	34.	35.	36.
64	64	74	93	79	79
- 52	- 61	- 34	- 91	- 38	- 33
37.	38.	39.	40.	41.	42.
47	69	85	89	70	69
- 29	- 48	- 27	- 60	- 34	- 51
43.	44.	45.	46.	47.	48.
70	52	50	33	65	83
- 63	- 46	- 23	- 24	- 31	- 71
49.	50.	51.	52.	53.	54.
53	71	89	58	71	44
- 48	- 60	- 35	- 39	- 57	- 28
55.	56.	57.	58.	59.	60.
95	60	77	45	55	91
- 39	- 50	- 70	- 41	- 43	- 42

Double Digits

11-99

Name: ______________________ **Date:** __________

Start Time: ______________ **End Time:** ______________

Score: ______ / 60

1. 80 - 67	2. 77 - 39	3. 79 - 25	4. 62 - 13	5. 30 - 22	6. 73 - 60
7. 15 - 14	8. 50 - 16	9. 35 - 18	10. 24 - 17	11. 28 - 25	12. 48 - 37
13 99 - 16	14. 30 - 10	15. 91 - 66	16. 24 - 13	17. 96 - 73	18. 68 - 13
19. 50 - 31	20. 61 - 50	21. 40 - 33	22. 64 - 22	23. 19 - 18	24. 48 - 40
25. 72 - 15	26. 70 - 66	27. 71 - 63	28. 70 - 53	29. 71 - 37	30. 69 - 48
31. 88 - 69	32. 80 - 76	33. 62 - 21	34. 99 - 74	35. 56 - 32	36. 86 - 84
37. 67 - 55	38. 91 - 89	39. 67 - 57	40. 59 - 37	41. 63 - 42	42. 84 - 67
43. 49 - 24	44. 71 - 51	45. 52 - 34	46. 97 - 37	47. 87 - 37	48. 92 - 42
49. 86 - 33	50. 99 - 52	51. 94 - 80	52. 78 - 52	53. 79 - 36	54. 87 - 85
55. 75 - 28	56. 81 - 75	57. 91 - 36	58. 39 - 31	59. 98 - 81	60. 90 - 75

Name: ______________________ **Date:** __________

Start Time: ______________ **End Time:** ______________

Score: ______
60

1. 39 - 26	2. 71 - 24	3. 73 - 22	4. 94 - 60	5. 66 - 32	6. 37 - 13
7. 63 - 40	8. 52 - 33	9. 81 - 10	10. 74 - 64	11. 80 - 33	12. 66 - 11
13 44 - 23	14. 88 - 57	15. 42 - 23	16. 63 - 13	17. 60 - 15	18. 79 - 33
19. 42 - 10	20. 60 - 11	21. 98 - 47	22. 67 - 65	23. 66 - 12	24. 76 - 68
25. 61 - 32	26. 96 - 63	27. 63 - 34	28. 93 - 64	29. 78 - 32	30. 39 - 37
31. 91 - 62	32. 86 - 36	33. 81 - 23	34. 65 - 39	35. 72 - 59	36. 50 - 27
37. 60 - 41	38. 31 - 23	39. 85 - 40	40. 59 - 52	41. 85 - 25	42. 56 - 29
43. 36 - 34	44. 89 - 24	45. 80 - 40	46. 85 - 48	47. 96 - 38	48. 72 - 57
49. 89 - 52	50. 76 - 71	51. 83 - 28	52. 37 - 37	53. 30 - 29	54. 89 - 22
55. 64 - 61	56. 85 - 41	57. 41 - 32	58. 97 - 32	59. 30 - 29	60. 94 - 61

Name: ____________________ **Date:** __________

Start Time: ______________ **End Time:** ______________

Score: ______ / 60

1. 93 - 63	2. 70 - 68	3. 48 - 37	4. 70 - 66	5. 97 - 79	6. 98 - 84
7. 92 - 12	8. 60 - 31	9. 71 - 38	10. 40 - 28	11. 30 - 15	12. 49 - 11
13 76 - 70	14. 46 - 15	15. 52 - 49	16. 81 - 79	17. 87 - 19	18. 94 - 86
19. 53 - 51	20. 91 - 76	21. 71 - 35	22. 73 - 70	23. 82 - 30	24. 96 - 72
25. 75 - 25	26. 97 - 64	27. 83 - 77	28. 90 - 63	29. 38 - 33	30. 61 - 46
31. 98 - 58	32. 86 - 31	33. 73 - 65	34. 92 - 28	35. 56 - 45	36. 62 - 37
37. 96 - 80	38. 81 - 78	39. 34 - 29	40. 78 - 65	41. 67 - 61	42. 55 - 51
43. 62 - 55	44. 86 - 33	45. 40 - 40	46. 80 - 44	47. 55 - 39	48. 45 - 44
49. 93 - 63	50. 94 - 57	51. 85 - 62	52. 62 - 60	53. 39 - 38	54. 76 - 53
55. 91 - 75	56. 45 - 35	57. 51 - 33	58. 84 - 63	59. 94 - 80	60. 51 - 23

Name: ______________________ **Date:** __________

Start Time: ______________ **End Time:** ______________

Score: ______ / 60

1. 84 - 80	2. 27 - 20	3. 74 - 56	4. 61 - 14	5. 80 - 74	6. 76 - 13
7. 50 - 41	8. 78 - 37	9. 76 - 69	10. 98 - 74	11. 72 - 21	12. 98 - 39
13 75 - 39	14. 59 - 13	15. 66 - 53	16. 90 - 39	17. 30 - 22	18. 75 - 35
19. 90 - 25	20. 56 - 44	21. 40 - 16	22. 71 - 59	23. 26 - 21	24. 31 - 25
25. 50 - 13	26. 98 - 86	27. 79 - 23	28. 73 - 25	29. 79 - 56	30. 69 - 33
31. 66 - 64	32. 80 - 50	33. 96 - 75	34. 74 - 60	35. 98 - 60	36. 46 - 33
37. 86 - 37	38. 33 - 30	39. 87 - 39	40. 94 - 83	41. 95 - 82	42. 64 - 49
43. 53 - 44	44. 96 - 80	45. 48 - 36	46. 88 - 50	47. 93 - 39	48. 98 - 87
49. 71 - 60	50. 94 - 32	51. 78 - 21	52. 82 - 54	53. 79 - 68	54. 67 - 48
55. 40 - 21	56. 57 - 23	57. 54 - 40	58. 64 - 54	59. 89 - 72	60. 72 - 29

Double Digits
11-99

Name: ______________________ Date: ____________

Start Time: ______________ End Time: ______________

Score: ______
60

1.	2.	3.	4.	5.	6.
98 - 24	51 - 46	85 - 84	47 - 39	34 - 23	74 - 67

7.	8.	9.	10.	11.	12.
91 - 56	86 - 39	31 - 30	84 - 18	40 - 38	95 - 89

13	14.	15.	16.	17.	18.
49 - 39	40 - 21	86 - 55	72 - 10	91 - 67	21 - 16

19.	20.	21.	22.	23.	24.
53 - 32	79 - 13	91 - 25	87 - 52	98 - 48	69 - 55

25.	26.	27.	28.	29.	30.
56 - 40	98 - 74	86 - 74	81 - 36	61 - 28	54 - 47

31.	32.	33.	34.	35.	36.
94 - 33	63 - 26	39 - 25	90 - 88	97 - 44	95 - 73

37.	38.	39.	40.	41.	42.
21 - 21	67 - 47	97 - 32	68 - 49	91 - 87	87 - 35

43.	44.	45.	46.	47.	48.
68 - 48	45 - 21	86 - 77	42 - 38	86 - 56	86 - 49

49.	50.	51.	52.	53.	54.
36 - 27	99 - 86	62 - 57	52 - 51	75 - 42	55 - 40

55.	56.	57.	58.	59.	60.
86 - 67	93 - 58	96 - 83	74 - 39	98 - 43	86 - 77

Name: ____________________ **Date:** __________

Start Time: ______________ **End Time:** ______________

Score: ______ / 60

1. 29 - 23	2. 50 - 13	3. 91 - 36	4. 96 - 19	5. 59 - 42	6. 84 - 35
7. 30 - 18	8. 64 - 24	9. 84 - 49	10. 60 - 44	11. 71 - 67	12. 71 - 45
13 17 - 10	14. 90 - 37	15. 61 - 39	16. 79 - 41	17. 89 - 15	18. 98 - 95
19. 69 - 15	20. 78 - 31	21. 48 - 22	22. 45 - 19	23. 98 - 76	24. 43 - 34
25. 65 - 49	26. 33 - 30	27. 69 - 38	28. 87 - 64	29. 66 - 56	30. 84 - 84
31. 50 - 49	32. 87 - 40	33. 75 - 58	34. 95 - 48	35. 54 - 37	36. 76 - 40
37. 84 - 27	38. 69 - 35	39. 54 - 29	40. 81 - 66	41. 75 - 54	42. 32 - 21
43. 85 - 42	44. 67 - 47	45. 75 - 68	46. 89 - 28	47. 48 - 30	48. 93 - 56
49. 77 - 39	50. 83 - 57	51. 63 - 21	52. 97 - 93	53. 50 - 45	54. 83 - 29
55. 95 - 92	56. 52 - 25	57. 73 - 49	58. 46 - 43	59. 59 - 38	60. 56 - 55

Name: ______________________ **Date:** __________

Start Time: ______________ **End Time:** ______________

Score: ______ / 60

1. 59 - 48	2. 73 - 60	3. 15 - 11	4. 96 - 49	5. 83 - 14	6. 41 - 18
7. 91 - 43	8. 55 - 30	9. 40 - 39	10. 71 - 21	11. 51 - 31	12. 37 - 18
13 96 - 11	14. 48 - 47	15. 98 - 11	16. 85 - 81	17. 80 - 39	18. 34 - 31
19. 65 - 25	20. 49 - 41	21. 98 - 75	22. 91 - 68	23. 60 - 39	24. 79 - 27
25. 92 - 10	26. 88 - 46	27. 94 - 44	28. 64 - 64	29. 53 - 30	30. 25 - 21
31. 52 - 27	32. 89 - 68	33. 51 - 51	34. 91 - 76	35. 97 - 74	36. 87 - 80
37. 75 - 55	38. 33 - 23	39. 79 - 51	40. 83 - 55	41. 35 - 25	42. 94 - 37
43. 37 - 21	44. 83 - 44	45. 82 - 76	46. 64 - 34	47. 78 - 65	48. 88 - 22
49. 41 - 21	50. 57 - 54	51. 89 - 66	52. 84 - 30	53. 83 - 73	54. 44 - 27
55. 66 - 36	56. 83 - 23	57. 68 - 28	58. 58 - 27	59. 61 - 49	60. 78 - 74

Name: _____ **Date:** _____

Start Time: _____ **End Time:** _____

Score: _____

60

1.	2.	3.	4.	5.	6.
98 - 83	77 - 50	82 - 20	27 - 19	83 - 64	45 - 14
7.	8.	9.	10.	11.	12.
89 - 12	71 - 37	57 - 54	45 - 23	67 - 31	86 - 57
13	14.	15.	16.	17.	18.
94 - 63	97 - 50	21 - 15	89 - 73	96 - 74	64 - 19
19.	20.	21.	22.	23.	24.
88 - 71	46 - 36	88 - 62	93 - 68	31 - 13	89 - 69
25.	26.	27.	28.	29.	30.
81 - 32	69 - 61	27 - 22	75 - 73	53 - 30	98 - 88
31.	32.	33.	34.	35.	36.
80 - 75	59 - 40	77 - 75	96 - 26	45 - 31	80 - 25
37.	38.	39.	40.	41.	42.
99 - 61	97 - 89	71 - 61	79 - 64	86 - 72	94 - 76
43.	44.	45.	46.	47.	48.
83 - 37	48 - 42	81 - 73	32 - 23	84 - 44	85 - 81
49.	50.	51.	52.	53.	54.
93 - 32	91 - 24	53 - 45	69 - 51	89 - 66	93 - 54
55.	56.	57.	58.	59.	60.
71 - 25	80 - 34	83 - 72	50 - 34	77 - 75	97 - 75

Name: _____ **Date:** _____

Start Time: _____ **End Time:** _____

Score: _____

60

1.	2.	3.	4.	5.	6.
58 - 22	96 - 48	68 - 15	18 - 12	31 - 16	57 - 53
7.	8.	9.	10.	11.	12.
60 - 18	42 - 36	27 - 26	71 - 11	96 - 89	83 - 58
13	14.	15.	16.	17.	18.
40 - 37	68 - 38	89 - 27	60 - 50	97 - 70	69 - 28
19.	20.	21.	22.	23.	24.
17 - 17	89 - 77	95 - 30	36 - 11	80 - 63	91 - 26
25.	26.	27.	28.	29.	30.
95 - 70	76 - 25	90 - 27	61 - 32	81 - 59	80 - 70
31.	32.	33.	34.	35.	36.
40 - 32	80 - 68	41 - 30	95 - 81	65 - 54	96 - 82
37.	38.	39.	40.	41.	42.
75 - 52	99 - 52	56 - 38	56 - 35	65 - 37	41 - 40
43.	44.	45.	46.	47.	48.
84 - 26	84 - 31	72 - 29	79 - 55	74 - 39	58 - 57
49.	50.	51.	52.	53.	54.
63 - 27	80 - 74	28 - 25	51 - 41	29 - 25	98 - 91
55.	56.	57.	58.	59.	60.
79 - 43	60 - 41	64 - 54	66 - 53	35 - 35	79 - 73

Name: ______________________ **Date:** __________

Start Time: ______________ **End Time:** ______________

Score: ______ / 60

1. 14 - 13	2. 28 - 28	3. 31 - 17	4. 78 - 16	5. 41 - 34	6. 29 - 19
7. 84 - 17	8. 47 - 44	9. 98 - 89	10. 57 - 24	11. 70 - 24	12. 56 - 35
13 95 - 78	14. 85 - 61	15. 78 - 10	16. 93 - 54	17. 77 - 37	18. 43 - 36
19. 58 - 29	20. 68 - 13	21. 59 - 41	22. 90 - 50	23. 57 - 35	24. 96 - 83
25. 83 - 60	26. 79 - 39	27. 74 - 38	28. 51 - 35	29. 94 - 77	30. 96 - 76
31. 70 - 36	32. 47 - 31	33. 73 - 25	34. 85 - 54	35. 79 - 32	36. 52 - 37
37. 98 - 95	38. 95 - 74	39. 95 - 60	40. 87 - 84	41. 94 - 70	42. 96 - 29
43. 67 - 46	44. 95 - 44	45. 70 - 67	46. 78 - 68	47. 98 - 34	48. 41 - 21
49. 84 - 26	50. 91 - 59	51. 81 - 67	52. 58 - 41	53. 81 - 27	54. 47 - 26
55. 43 - 40	56. 79 - 78	57. 70 - 63	58. 87 - 54	59. 61 - 43	60. 64 - 48

Name: _____ **Date:** _____

Start Time: _____ **End Time:** _____

Score: _____

60

1.	2.	3.	4.	5.	6.
25 - 12	23 - 10	91 - 35	33 - 28	34 - 16	80 - 67
7.	8.	9.	10.	11.	12.
66 - 57	75 - 20	77 - 56	96 - 54	58 - 17	84 - 49
13	14.	15.	16.	17.	18.
79 - 53	47 - 30	73 - 41	93 - 32	61 - 13	37 - 26
19.	20.	21.	22.	23.	24.
97 - 47	85 - 71	45 - 24	98 - 64	62 - 58	97 - 49
25.	26.	27.	28.	29.	30.
98 - 95	94 - 81	76 - 37	52 - 41	47 - 31	97 - 47
31.	32.	33.	34.	35.	36.
55 - 46	58 - 50	97 - 44	91 - 24	67 - 58	73 - 30
37.	38.	39.	40.	41.	42.
95 - 38	71 - 57	77 - 51	90 - 70	78 - 53	38 - 35
43.	44.	45.	46.	47.	48.
34 - 33	41 - 32	77 - 52	53 - 28	78 - 69	85 - 48
49.	50.	51.	52.	53.	54.
95 - 95	93 - 60	91 - 53	81 - 50	96 - 51	64 - 32
55.	56.	57.	58.	59.	60.
48 - 40	54 - 22	71 - 45	37 - 24	84 - 24	49 - 39

Name: ____________________ **Date:** __________

Start Time: ______________ **End Time:** ______________

Score: ______ / 60

1. 47 - 30	2. 90 - 37	3. 47 - 14	4. 79 - 12	5. 36 - 18	6. 35 - 22
7. 87 - 81	8. 23 - 13	9. 84 - 38	10. 96 - 55	11. 46 - 15	12. 71 - 12
13 98 - 81	14. 45 - 35	15. 97 - 22	16. 76 - 26	17. 95 - 42	18. 20 - 12
19. 72 - 24	20. 89 - 15	21. 75 - 17	22. 42 - 34	23. 74 - 45	24. 53 - 44
25. 63 - 61	26. 88 - 46	27. 80 - 66	28. 92 - 45	29. 75 - 23	30. 88 - 66
31. 56 - 47	32. 67 - 57	33. 33 - 28	34. 61 - 46	35. 66 - 26	36. 91 - 85
37. 77 - 48	38. 51 - 25	39. 75 - 38	40. 39 - 31	41. 56 - 51	42. 64 - 27
43. 62 - 21	44. 53 - 47	45. 64 - 37	46. 92 - 43	47. 83 - 23	48. 83 - 68
49. 88 - 26	50. 57 - 21	51. 85 - 47	52. 49 - 30	53. 49 - 31	54. 98 - 69
55. 69 - 45	56. 71 - 60	57. 80 - 22	58. 79 - 57	59. 70 - 37	60. 93 - 45

Double Digits

11-99

Name: ______________________ **Date:** __________

Start Time: ______________ **End Time:** ______________

Score: ______ / 60

1. 99 - 49	2. 31 - 21	3. 65 - 10	4. 45 - 38	5. 85 - 37	6. 59 - 55
7. 55 - 41	8. 60 - 55	9. 99 - 17	10. 47 - 41	11. 62 - 48	12. 86 - 16
13 97 - 86	14. 55 - 42	15. 79 - 58	16. 67 - 45	17. 83 - 77	18. 78 - 62
19. 92 - 15	20. 88 - 69	21. 86 - 10	22. 76 - 10	23. 87 - 28	24. 92 - 92
25. 96 - 59	26. 77 - 58	27. 99 - 59	28. 69 - 50	29. 62 - 32	30. 29 - 26
31. 92 - 91	32. 74 - 64	33. 98 - 69	34. 95 - 38	35. 55 - 37	36. 92 - 23
37. 71 - 42	38. 70 - 44	39. 84 - 21	40. 76 - 26	41. 64 - 53	42. 49 - 24
43. 91 - 29	44. 97 - 86	45. 23 - 22	46. 48 - 39	47. 98 - 84	48. 73 - 44
49. 71 - 50	50. 70 - 69	51. 81 - 64	52. 50 - 45	53. 88 - 77	54. 84 - 74
55. 89 - 30	56. 70 - 28	57. 71 - 42	58. 79 - 58	59. 45 - 43	60. 57 - 22

Double Digits
11-99

Name: ______________________ Date: ___________

Start Time: ______________ End Time: ______________

Score: ______
60

1. 62 - 22	2. 96 - 94	3. 74 - 58	4. 62 - 54	5. 96 - 46	6. 71 - 42
7. 66 - 12	8. 67 - 53	9. 72 - 61	10. 68 - 52	11. 72 - 52	12. 45 - 20
13 87 - 50	14. 85 - 16	15. 51 - 17	16. 70 - 61	17. 92 - 38	18. 25 - 24
19. 77 - 38	20. 76 - 30	21. 94 - 61	22. 14 - 12	23. 87 - 53	24. 26 - 24
25. 39 - 24	26. 79 - 29	27. 73 - 35	28. 33 - 31	29. 81 - 27	30. 77 - 54
31. 61 - 50	32. 93 - 83	33. 90 - 67	34. 98 - 63	35. 88 - 73	36. 47 - 46
37. 99 - 76	38. 97 - 66	39. 73 - 33	40. 95 - 25	41. 64 - 49	42. 97 - 69
43. 89 - 85	44. 86 - 36	45. 65 - 30	46. 97 - 52	47. 22 - 22	48. 83 - 38
49. 61 - 23	50. 60 - 48	51. 40 - 36	52. 35 - 27	53. 97 - 73	54. 96 - 42
55. 90 - 21	56. 53 - 40	57. 71 - 43	58. 86 - 53	59. 79 - 79	60. 82 - 72

Double Digits
11-99

Name: ______________________ **Date:** __________

Start Time: ______________ **End Time:** ______________

Score: ______
60

1. 64 - 27	2. 85 - 33	3. 38 - 31	4. 97 - 81	5. 69 - 44	6. 94 - 54
7. 65 - 62	8. 79 - 22	9. 81 - 47	10. 67 - 11	11. 92 - 69	12. 77 - 17
13 79 - 25	14. 39 - 34	15. 58 - 14	16. 99 - 96	17. 99 - 51	18. 49 - 47
19. 89 - 74	20. 72 - 63	21. 90 - 29	22. 99 - 80	23. 31 - 12	24. 76 - 65
25. 47 - 26	26. 97 - 64	27. 98 - 89	28. 48 - 33	29. 92 - 66	30. 48 - 41
31. 73 - 22	32. 98 - 41	33. 90 - 33	34. 89 - 70	35. 37 - 27	36. 97 - 81
37. 87 - 30	38. 90 - 55	39. 94 - 26	40. 88 - 65	41. 76 - 26	42. 81 - 66
43. 88 - 31	44. 64 - 37	45. 69 - 64	46. 63 - 49	47. 98 - 33	48. 88 - 36
49. 97 - 69	50. 49 - 23	51. 88 - 76	52. 77 - 37	53. 96 - 43	54. 73 - 25
55. 50 - 29	56. 92 - 83	57. 61 - 36	58. 56 - 41	59. 49 - 46	60. 65 - 26

Double Digits

11-99

Name: ____________________ **Date:** __________

Start Time: ______________ **End Time:** ______________

Score: ______ / 60

1. 79 - 16	2. 71 - 17	3. 66 - 23	4. 47 - 28	5. 88 - 76	6. 49 - 37
7. 83 - 42	8. 65 - 32	9. 86 - 41	10. 93 - 22	11. 52 - 50	12. 53 - 31
13 65 - 33	14. 53 - 33	15. 58 - 50	16. 67 - 22	17. 53 - 15	18. 73 - 19
19. 98 - 73	20. 66 - 64	21. 70 - 58	22. 54 - 25	23. 91 - 18	24. 57 - 13
25. 67 - 59	26. 63 - 29	27. 94 - 66	28. 58 - 54	29. 80 - 76	30. 98 - 44
31. 74 - 63	32. 78 - 64	33. 74 - 60	34. 56 - 25	35. 91 - 32	36. 53 - 44
37. 71 - 44	38. 73 - 57	39. 89 - 26	40. 78 - 56	41. 88 - 78	42. 79 - 35
43. 94 - 30	44. 68 - 67	45. 64 - 35	46. 99 - 39	47. 62 - 54	48. 86 - 81
49. 93 - 61	50. 76 - 58	51. 66 - 51	52. 83 - 56	53. 54 - 53	54. 74 - 63
55. 92 - 25	56. 61 - 44	57. 46 - 26	58. 89 - 86	59. 47 - 42	60. 75 - 66

Name: ______________________ **Date:** ____________

Start Time: ________________ **End Time:** ________________

Score: ______ / 60

1. 90 - 52	2. 54 - 14	3. 89 - 82	4. 65 - 59	5. 81 - 80	6. 63 - 30
7. 61 - 33	8. 87 - 36	9. 84 - 26	10. 36 - 33	11. 33 - 32	12. 60 - 48
13 62 - 39	14. 82 - 53	15. 49 - 39	16. 79 - 64	17. 90 - 38	18. 68 - 56
19. 45 - 10	20. 89 - 46	21. 65 - 53	22. 48 - 30	23. 35 - 18	24. 98 - 59
25. 62 - 53	26. 73 - 35	27. 83 - 75	28. 98 - 52	29. 50 - 25	30. 60 - 41
31. 96 - 36	32. 67 - 61	33. 41 - 39	34. 73 - 26	35. 73 - 22	36. 51 - 40
37. 36 - 33	38. 79 - 29	39. 72 - 61	40. 97 - 62	41. 57 - 53	42. 77 - 38
43. 96 - 85	44. 97 - 36	45. 65 - 61	46. 88 - 86	47. 97 - 77	48. 70 - 29
49. 86 - 43	50. 93 - 21	51. 97 - 38	52. 98 - 68	53. 85 - 35	54. 91 - 36
55. 89 - 38	56. 82 - 30	57. 91 - 35	58. 79 - 51	59. 44 - 22	60. 32 - 22

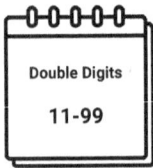

Name: _____ **Date:** _____

Start Time: _____ **End Time:** _____

Score: _____

60

1.	2.	3.	4.	5.	6.
95 - 81	21 - 12	95 - 76	68 - 31	80 - 29	27 - 14
7.	8.	9.	10.	11.	12.
30 - 11	35 - 35	67 - 49	98 - 21	93 - 61	79 - 49
13	14.	15.	16.	17.	18.
90 - 43	55 - 14	44 - 20	90 - 34	75 - 73	80 - 49
19.	20.	21.	22.	23.	24.
37 - 31	88 - 52	54 - 23	56 - 51	69 - 34	41 - 15
25.	26.	27.	28.	29.	30.
90 - 77	79 - 34	52 - 37	95 - 60	72 - 67	71 - 34
31.	32.	33.	34.	35.	36.
93 - 45	85 - 24	45 - 45	46 - 43	90 - 76	22 - 21
37.	38.	39.	40.	41.	42.
48 - 33	89 - 65	55 - 24	90 - 61	83 - 23	46 - 38
43.	44.	45.	46.	47.	48.
62 - 58	76 - 31	76 - 73	79 - 38	96 - 24	91 - 59
49.	50.	51.	52.	53.	54.
78 - 74	65 - 27	52 - 21	69 - 68	61 - 54	54 - 44
55.	56.	57.	58.	59.	60.
85 - 51	54 - 48	72 - 27	70 - 40	82 - 22	72 - 52

Double Digits
11-99

Name: ______________________ Date: __________

Start Time: ______________ End Time: ______________

Score: ______
60

1. 85 - 51	2. 54 - 48	3. 72 - 27	4. 70 - 40	5. 82 - 22	6. 72 - 52
7. 65 - 34	8. 84 - 44	9. 67 - 11	10. 19 - 16	11. 55 - 41	12. 88 - 35
13 95 - 25	14. 46 - 42	15. 48 - 30	16. 91 - 87	17. 93 - 78	18. 89 - 64
19. 55 - 12	20. 64 - 25	21. 87 - 85	22. 66 - 17	23. 36 - 11	24. 90 - 78
25. 97 - 17	26. 88 - 60	27. 79 - 76	28. 93 - 89	29. 81 - 32	30. 99 - 65
31. 78 - 61	32. 61 - 42	33. 61 - 38	34. 99 - 62	35. 79 - 42	36. 71 - 49
37. 85 - 83	38. 81 - 23	39. 43 - 42	40. 70 - 33	41. 74 - 71	42. 66 - 52
43. 78 - 43	44. 99 - 93	45. 80 - 50	46. 76 - 69	47. 46 - 33	48. 91 - 73
49. 74 - 35	50. 96 - 62	51. 77 - 68	52. 89 - 34	53. 53 - 45	54. 97 - 83
55. 83 - 61	56. 84 - 29	57. 97 - 30	58. 87 - 24	59. 35 - 23	60. 87 - 80

Triple Digits

111-999

Name: ____________________ Date: ____________

Start Time: ______________ End Time: ______________

Score: ______ / 60

1. 610 - 415	2. 992 - 408	3. 480 - 367	4. 804 - 516	5. 513 - 400	6. 977 - 226
7. 940 - 671	8. 578 - 498	9. 961 - 754	10. 514 - 460	11. 830 - 767	12. 343 - 100
13 551 - 525	14. 482 - 297	15. 662 - 613	16. 856 - 108	17. 462 - 307	18. 884 - 760
19. 607 - 111	20. 745 - 367	21. 617 - 167	22. 713 - 200	23. 936 - 557	24. 670 - 208
25. 780 - 686	26. 634 - 220	27. 587 - 414	28. 793 - 761	29. 983 - 127	30. 788 - 124
31. 999 - 166	32. 690 - 251	33. 769 - 287	34. 533 - 158	35. 761 - 389	36. 826 - 399
37. 735 - 501	38. 819 - 329	39. 933 - 447	40. 525 - 520	41. 670 - 142	42. 931 - 285
43. 389 - 186	44. 667 - 665	45. 376 - 300	46. 719 - 292	47. 951 - 430	48. 818 - 162
49. 724 - 339	50. 849 - 815	51. 538 - 157	52. 960 - 933	53. 351 - 198	54. 990 - 687
55. 770 - 571	56. 876 - 410	57. 371 - 176	58. 988 - 627	59. 616 - 568	60. 582 - 427

Triple Digits
111-999

Name: ____________________ **Date:** __________

Start Time: ______________ **End Time:** ______________

Score: ______
60

1. 341 - 250	2. 546 - 350	3. 443 - 417	4. 901 - 859	5. 724 - 643	6. 758 - 282
7. 906 - 325	8. 548 - 157	9. 712 - 530	10. 664 - 377	11. 820 - 512	12. 976 - 418
13 980 - 688	14. 514 - 205	15. 814 - 594	16. 196 - 165	17. 879 - 639	18. 461 - 113
19. 900 - 330	20. 953 - 229	21. 598 - 352	22. 424 - 198	23. 632 - 210	24. 624 - 375
25. 684 - 165	26. 726 - 608	27. 752 - 470	28. 624 - 272	29. 776 - 399	30. 924 - 706
31. 656 - 254	32. 816 - 520	33. 921 - 109	34. 834 - 283	35. 761 - 265	36. 357 - 344
37. 188 - 165	38. 146 - 140	39. 794 - 525	40. 673 - 256	41. 791 - 618	42. 277 - 194
43. 366 - 160	44. 825 - 392	45. 628 - 600	46. 816 - 777	47. 430 - 383	48. 459 - 337
49. 250 - 191	50. 454 - 451	51. 556 - 190	52. 847 - 482	53. 974 - 815	54. 306 - 209
55. 689 - 510	56. 760 - 151	57. 994 - 497	58. 926 - 308	59. 602 - 425	60. 320 - 215

Triple Digits

111-999

Name: ____________________ **Date:** __________

Start Time: ______________ **End Time:** ______________

Score: ______ / 60

1. 937 - 272	2. 781 - 366	3. 614 - 430	4. 471 - 172	5. 327 - 270	6. 670 - 494
7. 384 - 172	8. 269 - 114	9. 901 - 873	10. 635 - 441	11. 859 - 199	12. 743 - 350
13 463 - 124	14. 961 - 870	15. 582 - 193	16. 862 - 585	17. 835 - 450	18. 966 - 143
19. 336 - 113	20. 385 - 363	21. 995 - 746	22. 747 - 515	23. 374 - 317	24. 936 - 585
25. 854 - 570	26. 533 - 272	27. 603 - 230	28. 767 - 124	29. 626 - 556	30. 587 - 421
31. 956 - 545	32. 726 - 271	33. 927 - 730	34. 708 - 336	35. 248 - 122	36. 329 - 209
37. 293 - 261	38. 888 - 777	39. 844 - 632	40. 605 - 250	41. 448 - 231	42. 839 - 839
43. 814 - 751	44. 876 - 197	45. 829 - 457	46. 792 - 415	47. 797 - 188	48. 241 - 165
49. 697 - 361	50. 441 - 294	51. 287 - 175	52. 811 - 484	53. 865 - 120	54. 901 - 538
55. 756 - 577	56. 953 - 908	57. 905 - 110	58. 939 - 609	59. 878 - 282	60. 593 - 534

Name: _____ **Date:** _____

Start Time: _____ **End Time:** _____

Score: _____

60

1.	2.	3.	4.	5.	6.
956 - 596	846 - 406	390 - 258	736 - 486	729 - 531	978 - 452
7.	8.	9.	10.	11.	12.
904 - 462	467 - 132	691 - 538	702 - 293	879 - 582	973 - 693
13	14.	15.	16.	17.	18.
866 - 548	283 - 169	607 - 297	363 - 220	683 - 250	855 - 294
19.	20.	21.	22.	23.	24.
740 - 384	953 - 699	932 - 785	741 - 510	877 - 179	663 - 598
25.	26.	27.	28.	29.	30.
449 - 126	619 - 301	769 - 363	852 - 370	935 - 172	860 - 667
31.	32.	33.	34.	35.	36.
896 - 851	818 - 633	652 - 612	849 - 138	819 - 261	640 - 255
37.	38.	39.	40.	41.	42.
983 - 508	622 - 342	614 - 103	877 - 847	894 - 216	597 - 576
43.	44.	45.	46.	47.	48.
924 - 209	858 - 656	723 - 480	234 - 111	754 - 137	832 - 777
49.	50.	51.	52.	53.	54.
836 - 644	955 - 345	561 - 506	414 - 413	796 - 286	598 - 181
55.	56.	57.	58.	59.	60.
996 - 578	948 - 738	448 - 358	684 - 614	713 - 177	570 - 105

Triple Digits
111-999

Name: ____________________ Date: __________

Start Time: ______________ End Time: ______________

Score: ______
60

1. 918 - 149	2. 912 - 850	3. 154 - 134	4. 931 - 707	5. 820 - 499	6. 431 - 181
7. 999 - 673	8. 196 - 141	9. 633 - 354	10. 969 - 748	11. 549 - 110	12. 986 - 275
13 890 - 709	14. 801 - 695	15. 738 - 379	16. 571 - 210	17. 462 - 239	18. 893 - 862
19. 637 - 515	20. 383 - 214	21. 831 - 215	22. 789 - 642	23. 742 - 144	24. 619 - 325
25. 995 - 238	26. 355 - 218	27. 950 - 832	28. 473 - 124	29. 639 - 508	30. 857 - 718
31. 284 - 278	32. 879 - 600	33. 345 - 138	34. 800 - 483	35. 802 - 774	36. 563 - 361
37. 985 - 898	38. 855 - 412	39. 411 - 352	40. 957 - 391	41. 564 - 120	42. 819 - 508
43. 858 - 680	44. 568 - 250	45. 992 - 457	46. 886 - 275	47. 761 - 213	48. 178 - 168
49. 886 - 832	50. 775 - 451	51. 729 - 451	52. 866 - 393	53. 908 - 743	54. 761 - 397
55. 589 - 569	56. 606 - 465	57. 667 - 266	58. 952 - 483	59. 403 - 112	60. 505 - 321

Name: ____________________ **Date:** ____________

Start Time: ____________ **End Time:** ____________

Score: ______
60

1. 852 - 264	2. 852 - 365	3. 948 - 332	4. 682 - 672	5. 816 - 617	6. 404 - 152
7. 911 - 803	8. 883 - 413	9. 938 - 380	10. 823 - 544	11. 660 - 544	12. 832 - 601
13 363 - 222	14. 710 - 287	15. 819 - 562	16. 976 - 616	17. 691 - 281	18. 510 - 498
19. 815 - 730	20. 916 - 611	21. 431 - 367	22. 228 - 215	23. 756 - 558	24. 935 - 161
25. 819 - 563	26. 532 - 369	27. 565 - 288	28. 249 - 116	29. 379 - 259	30. 224 - 176
31. 313 - 240	32. 846 - 623	33. 946 - 373	34. 619 - 439	35. 905 - 642	36. 906 - 850
37. 969 - 464	38. 427 - 388	39. 918 - 295	40. 822 - 334	41. 628 - 249	42. 454 - 335
43. 330 - 128	44. 948 - 692	45. 740 - 396	46. 723 - 123	47. 996 - 747	48. 978 - 582
49. 856 - 572	50. 951 - 504	51. 461 - 156	52. 988 - 619	53. 960 - 774	54. 388 - 167
55. 488 - 445	56. 693 - 217	57. 717 - 449	58. 818 - 331	59. 894 - 276	60. 877 - 636

Name: ______________________ **Date:** ____________

Start Time: ______________ **End Time:** ______________

Score: ______ / 60

1. 400 - 288	2. 493 - 481	3. 843 - 102	4. 244 - 133	5. 910 - 700	6. 701 - 507
7. 394 - 355	8. 668 - 141	9. 774 - 489	10. 831 - 244	11. 944 - 669	12. 586 - 360
13 757 - 732	14. 269 - 125	15. 429 - 139	16. 649 - 262	17. 813 - 752	18. 831 - 299
19. 306 - 268	20. 903 - 243	21. 956 - 804	22. 890 - 567	23. 797 - 109	24. 779 - 111
25. 650 - 198	26. 843 - 336	27. 774 - 596	28. 908 - 426	29. 677 - 489	30. 566 - 122
31. 966 - 844	32. 977 - 355	33. 888 - 481	34. 692 - 151	35. 600 - 489	36. 629 - 489
37. 694 - 230	38. 870 - 756	39. 816 - 424	40. 573 - 223	41. 275 - 263	42. 412 - 267
43. 788 - 779	44. 118 - 113	45. 752 - 328	46. 803 - 512	47. 660 - 227	48. 624 - 284
49. 474 - 367	50. 992 - 522	51. 689 - 405	52. 868 - 130	53. 459 - 121	54. 145 - 134
55. 635 - 397	56. 642 - 513	57. 764 - 583	58. 674 - 324	59. 950 - 805	60. 557 - 236

Name: _____ **Date:** _____

Start Time: _____ **End Time:** _____

Score: _____

60

1.	2.	3.	4.	5.	6.
993 - 541	958 - 843	868 - 573	152 - 138	907 - 214	959 - 507
7.	8.	9.	10.	11.	12.
685 - 260	809 - 650	829 - 714	652 - 271	871 - 363	948 - 140
13	14.	15.	16.	17.	18.
533 - 323	606 - 544	574 - 175	830 - 271	421 - 202	963 - 391
19.	20.	21.	22.	23.	24.
425 - 390	965 - 866	231 - 221	718 - 307	709 - 148	850 - 718
25.	26.	27.	28.	29.	30.
828 - 311	649 - 349	857 - 786	249 - 178	862 - 815	227 - 211
31.	32.	33.	34.	35.	36.
448 - 392	639 - 112	299 - 217	916 - 582	475 - 178	717 - 187
37.	38.	39.	40.	41.	42.
776 - 354	775 - 630	681 - 678	649 - 618	656 - 413	628 - 595
43.	44.	45.	46.	47.	48.
783 - 558	969 - 316	492 - 355	821 - 219	852 - 184	958 - 623
49.	50.	51.	52.	53.	54.
557 - 246	443 - 121	421 - 315	802 - 745	884 - 735	663 - 339
55.	56.	57.	58.	59.	60.
250 - 135	699 - 292	769 - 381	503 - 411	497 - 187	900 - 779

Name: ____________________ **Date:** __________

Start Time: ______________ **End Time:** ______________

Score: ______ / 60

1. 347 - 344	2. 232 - 172	3. 731 - 548	4. 840 - 647	5. 949 - 182	6. 665 - 624
7. 518 - 490	8. 494 - 393	9. 767 - 745	10. 567 - 383	11. 724 - 615	12. 780 - 152
13 940 - 333	14. 947 - 160	15. 652 - 424	16. 943 - 401	17. 783 - 179	18. 777 - 349
19. 766 - 578	20. 428 - 201	21. 649 - 586	22. 792 - 716	23. 508 - 419	24. 864 - 556
25. 515 - 229	26. 752 - 220	27. 529 - 158	28. 884 - 350	29. 929 - 209	30. 487 - 424
31. 853 - 575	32. 379 - 325	33. 705 - 284	34. 613 - 578	35. 638 - 574	36. 487 - 307
37. 801 - 451	38. 809 - 635	39. 876 - 791	40. 837 - 192	41. 732 - 238	42. 637 - 522
43. 596 - 305	44. 830 - 302	45. 478 - 437	46. 672 - 575	47. 555 - 201	48. 896 - 697
49. 903 - 208	50. 521 - 129	51. 197 - 105	52. 638 - 286	53. 964 - 547	54. 727 - 477
55. 619 - 371	56. 958 - 468	57. 640 - 396	58. 632 - 124	59. 681 - 491	60. 967 - 134

Triple Digits

111-999

Name: ____________________ Date: __________

Start Time: ______________ End Time: ______________

Score: ______
60

1. 332 - 105	2. 481 - 356	3. 620 - 353	4. 677 - 529	5. 801 - 662	6. 541 - 523
7. 768 - 273	8. 973 - 171	9. 994 - 897	10. 623 - 211	11. 463 - 128	12. 283 - 260
13 489 - 186	14. 432 - 228	15. 658 - 521	16. 578 - 537	17. 252 - 101	18. 565 - 268
19. 742 - 319	20. 983 - 119	21. 792 - 762	22. 871 - 150	23. 998 - 676	24. 817 - 402
25. 541 - 177	26. 967 - 608	27. 819 - 480	28. 837 - 651	29. 912 - 363	30. 644 - 115
31. 645 - 296	32. 755 - 209	33. 809 - 426	34. 754 - 347	35. 829 - 154	36. 554 - 296
37. 947 - 423	38. 761 - 677	39. 793 - 300	40. 763 - 506	41. 924 - 589	42. 654 - 226
43. 715 - 535	44. 934 - 394	45. 962 - 360	46. 881 - 569	47. 830 - 545	48. 667 - 540
49. 452 - 449	50. 674 - 350	51. 559 - 376	52. 910 - 468	53. 379 - 334	54. 778 - 340
55. 750 - 367	56. 958 - 225	57. 612 - 234	58. 910 - 195	59. 774 - 652	60. 581 - 443

Name: ______________________ **Date:** ____________

Start Time: ______________ **End Time:** ______________

Score: ______ / 60

1. 534 - 306	2. 577 - 562	3. 729 - 583	4. 908 - 130	5. 896 - 683	6. 737 - 402
7. 903 - 818	8. 552 - 374	9. 854 - 545	10. 802 - 740	11. 645 - 247	12. 639 - 296
13 962 - 839	14. 499 - 257	15. 721 - 124	16. 554 - 398	17. 898 - 228	18. 573 - 517
19. 591 - 343	20. 543 - 280	21. 404 - 264	22. 942 - 778	23. 944 - 417	24. 967 - 296
25. 395 - 358	26. 718 - 533	27. 148 - 110	28. 951 - 628	29. 971 - 432	30. 836 - 610
31. 915 - 587	32. 977 - 380	33. 845 - 737	34. 179 - 115	35. 885 - 663	36. 814 - 208
37. 234 - 190	38. 642 - 149	39. 743 - 730	40. 260 - 235	41. 469 - 179	42. 960 - 579
43. 429 - 293	44. 836 - 580	45. 840 - 165	46. 553 - 128	47. 987 - 433	48. 804 - 437
49. 474 - 271	50. 542 - 276	51. 936 - 631	52. 925 - 236	53. 679 - 620	54. 351 - 287
55. 934 - 675	56. 967 - 256	57. 873 - 721	58. 784 - 112	59. 548 - 175	60. 917 - 128

Name: _____ **Date:** _____

Start Time: _____ **End Time:** _____

Score: _____

60

1.	2.	3.	4.	5.	6.
595 - 587	803 - 468	488 - 285	997 - 165	487 - 419	613 - 322
7.	8.	9.	10.	11.	12.
633 - 336	206 - 201	522 - 302	878 - 340	933 - 516	157 - 107
13	14.	15.	16.	17.	18.
541 - 122	395 - 157	487 - 485	474 - 269	722 - 448	708 - 576
19.	20.	21.	22.	23.	24.
501 - 252	848 - 799	983 - 657	225 - 154	418 - 338	563 - 268
25.	26.	27.	28.	29.	30.
773 - 402	694 - 619	700 - 191	937 - 356	664 - 662	855 - 664
31.	32.	33.	34.	35.	36.
687 - 118	794 - 363	861 - 119	935 - 392	723 - 221	711 - 639
37.	38.	39.	40.	41.	42.
374 - 204	369 - 247	776 - 235	203 - 150	831 - 254	934 - 440
43.	44.	45.	46.	47.	48.
614 - 594	596 - 180	831 - 782	916 - 651	555 - 465	653 - 484
49.	50.	51.	52.	53.	54.
474 - 203	432 - 336	985 - 109	915 - 125	534 - 409	861 - 811
55.	56.	57.	58.	59.	60.
807 - 789	869 - 273	592 - 553	776 - 108	605 - 373	304 - 252

Triple Digits
111-999

Name: ______________________ **Date:** __________

Start Time: ______________ **End Time:** ______________

Score: ______
60

1. 704 - 113	2. 730 - 658	3. 961 - 639	4. 514 - 466	5. 866 - 740	6. 852 - 494
7. 966 - 321	8. 700 - 272	9. 963 - 628	10. 690 - 547	11. 977 - 230	12. 884 - 741
13 551 - 549	14. 525 - 386	15. 411 - 343	16. 628 - 623	17. 592 - 541	18. 871 - 426
19. 670 - 394	20. 914 - 217	21. 735 - 124	22. 968 - 133	23. 949 - 161	24. 690 - 681
25. 979 - 307	26. 767 - 218	27. 919 - 198	28. 566 - 553	29. 539 - 115	30. 251 - 242
31. 995 - 905	32. 146 - 102	33. 700 - 310	34. 650 - 128	35. 567 - 545	36. 774 - 232
37. 238 - 118	38. 860 - 675	39. 300 - 147	40. 437 - 213	41. 683 - 510	42. 325 - 177
43. 736 - 155	44. 393 - 242	45. 914 - 646	46. 186 - 139	47. 898 - 737	48. 917 - 278
49. 484 - 270	50. 944 - 797	51. 553 - 516	52. 722 - 393	53. 904 - 245	54. 825 - 525
55. 743 - 363	56. 926 - 218	57. 779 - 758	58. 880 - 317	59. 802 - 587	60. 506 - 206

Name: _____ **Date:** _____

Start Time: _____ **End Time:** _____

Score: _____

60

1.	2.	3.	4.	5.	6.
715 - 362	910 - 778	435 - 370	489 - 202	719 - 699	962 - 677
7.	8.	9.	10.	11.	12.
683 - 625	368 - 142	829 - 265	866 - 283	505 - 435	853 - 517
13	14.	15.	16.	17.	18.
437 - 203	922 - 316	997 - 289	249 - 207	915 - 699	720 - 364
19.	20.	21.	22.	23.	24.
420 - 350	537 - 292	543 - 438	999 - 825	756 - 277	630 - 581
25.	26.	27.	28.	29.	30.
189 - 156	938 - 369	883 - 522	676 - 192	613 - 569	800 - 543
31.	32.	33.	34.	35.	36.
910 - 723	761 - 357	475 - 274	560 - 281	380 - 203	882 - 469
37.	38.	39.	40.	41.	42.
395 - 331	528 - 375	590 - 560	569 - 556	956 - 335	975 - 581
43.	44.	45.	46.	47.	48.
961 - 416	515 - 362	846 - 301	935 - 838	858 - 822	411 - 156
49.	50.	51.	52.	53.	54.
646 - 128	849 - 806	815 - 230	353 - 335	770 - 406	760 - 182
55.	56.	57.	58.	59.	60.
932 - 733	969 - 879	883 - 574	207 - 152	491 - 303	918 - 219

Triple Digits

111-999

Name: ______________________ **Date:** ____________

Start Time: ______________ **End Time:** ______________

Score: ______ / 60

1. 912 - 802	2. 884 - 449	3. 754 - 160	4. 840 - 355	5. 544 - 342	6. 877 - 206
7. 484 - 462	8. 944 - 445	9. 771 - 603	10. 876 - 621	11. 313 - 159	12. 930 - 102
13 526 - 204	14. 831 - 237	15. 776 - 612	16. 972 - 120	17. 953 - 668	18. 646 - 524
19. 491 - 194	20. 655 - 153	21. 695 - 556	22. 728 - 146	23. 193 - 147	24. 974 - 530
25. 848 - 173	26. 336 - 293	27. 972 - 128	28. 873 - 772	29. 794 - 150	30. 611 - 415
31. 804 - 272	32. 899 - 795	33. 574 - 382	34. 875 - 501	35. 997 - 730	36. 346 - 135
37. 820 - 351	38. 611 - 549	39. 960 - 401	40. 842 - 763	41. 226 - 164	42. 710 - 338
43. 667 - 190	44. 639 - 612	45. 846 - 614	46. 618 - 613	47. 980 - 262	48. 887 - 557
49. 924 - 334	50. 620 - 180	51. 822 - 316	52. 401 - 240	53. 632 - 296	54. 686 - 376
55. 904 - 244	56. 508 - 311	57. 524 - 386	58. 749 - 649	59. 300 - 277	60. 938 - 321

Name: _____ **Date:** _____

Start Time: _____ **End Time:** _____

Score: _____

60

1.	2.	3.	4.	5.	6.
722 - 583	950 - 943	983 - 410	554 - 487	974 - 728	756 - 330
7.	8.	9.	10.	11.	12.
615 - 511	466 - 140	969 - 550	589 - 284	696 - 384	733 - 483
13	14.	15.	16.	17.	18.
477 - 297	823 - 252	818 - 816	969 - 389	619 - 206	962 - 663
19.	20.	21.	22.	23.	24.
936 - 841	876 - 222	891 - 642	866 - 278	650 - 381	812 - 412
25.	26.	27.	28.	29.	30.
845 - 714	349 - 298	620 - 503	294 - 109	687 - 558	773 - 715
31.	32.	33.	34.	35.	36.
857 - 810	872 - 486	645 - 305	723 - 441	447 - 412	713 - 645
37.	38.	39.	40.	41.	42.
354 - 344	781 - 435	624 - 227	584 - 279	774 - 717	652 - 256
43.	44.	45.	46.	47.	48.
883 - 793	729 - 144	853 - 560	827 - 282	468 - 136	431 - 219
49.	50.	51.	52.	53.	54.
695 - 359	582 - 223	688 - 661	503 - 349	580 - 558	618 - 566
55.	56.	57.	58.	59.	60.
883 - 288	453 - 332	678 - 456	997 - 581	606 - 593	677 - 546

Triple Digits
111-999

Name: ____________________ Date: __________

Start Time: ______________ End Time: ______________

Score: ______ / 60

1. 941 - 846	2. 941 - 812	3. 787 - 246	4. 536 - 372	5. 858 - 313	6. 795 - 452
7. 965 - 626	8. 903 - 500	9. 473 - 216	10. 891 - 603	11. 972 - 145	12. 767 - 714
13 887 - 610	14. 977 - 664	15. 278 - 203	16. 735 - 456	17. 695 - 379	18. 975 - 216
19. 926 - 623	20. 999 - 781	21. 363 - 191	22. 769 - 524	23. 505 - 202	24. 838 - 331
25. 793 - 215	26. 752 - 636	27. 530 - 305	28. 822 - 818	29. 835 - 140	30. 827 - 813
31. 960 - 568	32. 696 - 630	33. 410 - 148	34. 818 - 708	35. 941 - 361	36. 699 - 325
37. 883 - 428	38. 545 - 346	39. 889 - 560	40. 578 - 454	41. 884 - 434	42. 668 - 580
43. 612 - 357	44. 753 - 110	45. 637 - 380	46. 686 - 658	47. 480 - 148	48. 744 - 427
49. 329 - 282	50. 805 - 545	51. 640 - 379	52. 713 - 707	53. 765 - 253	54. 792 - 358
55. 984 - 286	56. 536 - 208	57. 606 - 309	58. 948 - 373	59. 891 - 147	60. 885 - 168

Triple Digits
111-999

Name: _____ Date: _____

Start Time: _____ End Time: _____

Score: _____
60

1.	2.	3.	4.	5.	6.
375 - 155	311 - 140	820 - 408	907 - 376	965 - 846	892 - 228
7.	8.	9.	10.	11.	12.
993 - 312	829 - 385	662 - 356	407 - 397	508 - 432	634 - 383
13	14.	15.	16.	17.	18.
644 - 435	362 - 202	946 - 739	969 - 511	677 - 642	522 - 450
19.	20.	21.	22.	23.	24.
602 - 357	446 - 394	977 - 868	414 - 202	634 - 445	869 - 654
25.	26.	27.	28.	29.	30.
802 - 647	967 - 145	682 - 298	781 - 230	992 - 946	652 - 273
31.	32.	33.	34.	35.	36.
739 - 375	977 - 177	994 - 368	940 - 466	383 - 373	888 - 624
37.	38.	39.	40.	41.	42.
902 - 492	865 - 771	876 - 250	660 - 208	874 - 435	736 - 451
43.	44.	45.	46.	47.	48.
983 - 685	925 - 917	614 - 283	817 - 294	558 - 125	428 - 347
49.	50.	51.	52.	53.	54.
848 - 522	650 - 529	530 - 377	680 - 290	604 - 474	832 - 143
55.	56.	57.	58.	59.	60.
526 - 211	858 - 174	447 - 287	979 - 291	710 - 231	971 - 843

Triple Digits
111-999

Name: ____________________ **Date:** ____________

Start Time: ______________ **End Time:** ______________

Score: ______
60

1. 740 - 406	2. 300 - 249	3. 997 - 741	4. 195 - 194	5. 997 - 783	6. 613 - 171
7. 949 - 533	8. 326 - 157	9. 894 - 257	10. 696 - 108	11. 984 - 603	12. 800 - 562
13 676 - 495	14. 432 - 225	15. 468 - 183	16. 853 - 154	17. 804 - 335	18. 661 - 235
19. 663 - 188	20. 795 - 124	21. 372 - 174	22. 693 - 280	23. 917 - 637	24. 667 - 616
25. 759 - 348	26. 718 - 129	27. 451 - 315	28. 999 - 811	29. 774 - 542	30. 509 - 390
31. 645 - 488	32. 456 - 352	33. 462 - 154	34. 961 - 367	35. 750 - 441	36. 695 - 538
37. 973 - 125	38. 998 - 591	39. 862 - 140	40. 750 - 117	41. 731 - 222	42. 356 - 321
43. 491 - 375	44. 872 - 246	45. 351 - 344	46. 638 - 170	47. 903 - 573	48. 669 - 347
49. 253 - 196	50. 698 - 166	51. 673 - 401	52. 913 - 171	53. 984 - 788	54. 966 - 444
55. 360 - 207	56. 258 - 130	57. 880 - 869	58. 956 - 129	59. 934 - 319	60. 949 - 716

Name: _____ **Date:** _____

Start Time: _____ **End Time:** _____

Score: _____

60

1.	2.	3.	4.	5.	6.
420 - 209	863 - 625	947 - 299	979 - 942	865 - 863	235 - 169
7.	8.	9.	10.	11.	12.
730 - 350	856 - 514	295 - 143	885 - 635	967 - 584	963 - 126
13	14.	15.	16.	17.	18.
636 - 430	914 - 672	509 - 461	979 - 440	912 - 337	893 - 369
19.	20.	21.	22.	23.	24.
952 - 671	674 - 337	975 - 597	405 - 372	556 - 521	945 - 861
25.	26.	27.	28.	29.	30.
167 - 112	694 - 335	783 - 315	787 - 690	594 - 273	982 - 653
31.	32.	33.	34.	35.	36.
431 - 270	321 - 123	830 - 336	557 - 259	829 - 388	782 - 353
37.	38.	39.	40.	41.	42.
761 - 636	981 - 667	748 - 483	853 - 606	452 - 353	918 - 555
43.	44.	45.	46.	47.	48.
684 - 513	868 - 865	567 - 130	577 - 273	713 - 242	632 - 627
49.	50.	51.	52.	53.	54.
944 - 457	669 - 131	834 - 119	854 - 145	874 - 479	325 - 151
55.	56.	57.	58.	59.	60.
616 - 205	434 - 249	647 - 256	812 - 269	817 - 387	848 - 601

Name: _____ **Date:** _____

Start Time: _____ **End Time:** _____

Score: _____

60

1.	2.	3.	4.	5.	6.
755 - 589	534 - 124	763 - 657	809 - 444	880 - 826	808 - 467
7.	8.	9.	10.	11.	12.
781 - 340	969 - 575	737 - 577	960 - 524	616 - 459	743 - 102
13	14.	15.	16.	17.	18.
762 - 537	744 - 591	761 - 425	827 - 724	356 - 324	969 - 304
19.	20.	21.	22.	23.	24.
969 - 708	997 - 636	625 - 492	723 - 194	960 - 371	900 - 854
25.	26.	27.	28.	29.	30.
806 - 741	767 - 545	996 - 610	784 - 420	574 - 499	893 - 719
31.	32.	33.	34.	35.	36.
320 - 150	523 - 257	742 - 682	751 - 266	784 - 618	474 - 143
37.	38.	39.	40.	41.	42.
671 - 231	623 - 510	646 - 465	819 - 472	416 - 213	604 - 198
43.	44.	45.	46.	47.	48.
519 - 108	507 - 410	666 - 466	817 - 661	517 - 383	381 - 376
49.	50.	51.	52.	53.	54.
897 - 170	738 - 392	757 - 345	423 - 265	923 - 610	970 - 665
55.	56.	57.	58.	59.	60.
952 - 788	658 - 299	761 - 391	764 - 710	341 - 107	960 - 665

Triple Digits
111-999

Name: ______________________ **Date:** ____________

Start Time: ______________ **End Time:** ______________

Score: ______ / 60

1. 688 - 524	2. 897 - 203	3. 708 - 544	4. 897 - 393	5. 776 - 644	6. 751 - 721
7. 424 - 416	8. 351 - 276	9. 916 - 194	10. 813 - 777	11. 686 - 176	12. 652 - 185
13 944 - 324	14. 930 - 851	15. 375 - 223	16. 732 - 657	17. 563 - 325	18. 918 - 826
19. 714 - 257	20. 889 - 666	21. 958 - 702	22. 642 - 505	23. 630 - 554	24. 807 - 457
25. 732 - 705	26. 938 - 256	27. 915 - 676	28. 792 - 143	29. 302 - 141	30. 901 - 247
31. 968 - 246	32. 991 - 740	33. 916 - 264	34. 874 - 346	35. 912 - 199	36. 588 - 364
37. 397 - 189	38. 264 - 173	39. 980 - 869	40. 974 - 484	41. 778 - 681	42. 559 - 111
43. 590 - 216	44. 967 - 146	45. 291 - 246	46. 891 - 447	47. 927 - 454	48. 190 - 141
49. 692 - 388	50. 940 - 164	51. 559 - 303	52. 993 - 747	53. 904 - 141	54. 942 - 652
55. 760 - 363	56. 222 - 209	57. 824 - 574	58. 460 - 450	59. 820 - 141	60. 666 - 140

Triple Digits

111-999

Name: ______________________ **Date:** ____________

Start Time: ______________ **End Time:** ______________

Score: ______ / 60

1. 870 - 676	2. 898 - 741	3. 558 - 539	4. 962 - 202	5. 990 - 199	6. 912 - 657
7. 947 - 169	8. 605 - 251	9. 574 - 191	10. 845 - 380	11. 993 - 817	12. 844 - 662
13 808 - 653	14. 250 - 199	15. 666 - 479	16. 808 - 254	17. 252 - 189	18. 893 - 483
19. 727 - 126	20. 818 - 188	21. 583 - 190	22. 363 - 108	23. 863 - 419	24. 827 - 703
25. 496 - 441	26. 375 - 293	27. 805 - 183	28. 390 - 103	29. 459 - 290	30. 770 - 136
31. 807 - 391	32. 763 - 487	33. 727 - 432	34. 967 - 963	35. 574 - 443	36. 847 - 208
37. 241 - 127	38. 581 - 104	39. 619 - 451	40. 918 - 790	41. 948 - 592	42. 989 - 532
43. 765 - 346	44. 513 - 207	45. 807 - 496	46. 642 - 312	47. 283 - 280	48. 520 - 248
49. 825 - 150	50. 880 - 772	51. 708 - 506	52. 982 - 960	53. 981 - 848	54. 654 - 458
55. 588 - 139	56. 987 - 378	57. 523 - 356	58. 674 - 517	59. 674 - 312	60. 806 - 110

Triple Digits

111-999

Name: ______________________ **Date:** ____________

Start Time: ______________ **End Time:** ______________

Score: ______ / 60

1. 830 - 244	2. 483 - 273	3. 922 - 429	4. 587 - 454	5. 835 - 667	6. 443 - 169
7. 944 - 250	8. 672 - 158	9. 639 - 411	10. 739 - 167	11. 870 - 742	12. 722 - 649
13 803 - 117	14. 911 - 183	15. 857 - 439	16. 978 - 665	17. 692 - 105	18. 191 - 162
19. 913 - 457	20. 993 - 157	21. 488 - 108	22. 891 - 582	23. 990 - 653	24. 994 - 737
25. 765 - 646	26. 890 - 298	27. 412 - 195	28. 409 - 213	29. 449 - 377	30. 609 - 144
31. 983 - 430	32. 812 - 542	33. 602 - 143	34. 403 - 321	35. 843 - 173	36. 327 - 101
37. 821 - 234	38. 876 - 250	39. 472 - 302	40. 697 - 493	41. 660 - 488	42. 911 - 896
43. 710 - 673	44. 871 - 272	45. 941 - 350	46. 969 - 372	47. 453 - 105	48. 269 - 217
49. 734 - 380	50. 566 - 210	51. 359 - 329	52. 860 - 246	53. 738 - 271	54. 831 - 381
55. 809 - 662	56. 522 - 469	57. 148 - 114	58. 923 - 433	59. 599 - 320	60. 812 - 367

Triple Digits
111-999

Name: ____________ **Date:** ____________

Start Time: ____________ **End Time:** ____________

Score: ______ / 60

1. 791 - 245	2. 854 - 501	3. 304 - 170	4. 673 - 188	5. 350 - 226	6. 525 - 184
7. 508 - 379	8. 264 - 246	9. 243 - 174	10. 351 - 151	11. 851 - 681	12. 790 - 471
13 753 - 148	14. 922 - 812	15. 418 - 216	16. 789 - 379	17. 511 - 256	18. 397 - 351
19. 481 - 436	20. 838 - 124	21. 996 - 938	22. 465 - 186	23. 542 - 361	24. 987 - 180
25. 918 - 461	26. 636 - 511	27. 847 - 789	28. 914 - 424	29. 651 - 364	30. 705 - 512
31. 972 - 383	32. 860 - 727	33. 605 - 573	34. 727 - 539	35. 493 - 363	36. 801 - 712
37. 808 - 322	38. 927 - 416	39. 936 - 113	40. 892 - 708	41. 826 - 395	42. 850 - 577
43. 745 - 430	44. 383 - 117	45. 775 - 480	46. 343 - 304	47. 902 - 240	48. 650 - 633
49. 959 - 394	50. 360 - 307	51. 353 - 113	52. 618 - 362	53. 725 - 207	54. 954 - 313
55. 339 - 104	56. 978 - 250	57. 592 - 203	58. 899 - 845	59. 836 - 760	60. 788 - 321

Triple Digits
111-999

Name: ______________________ **Date:** ____________

Start Time: ______________ **End Time:** ______________

Score: ______
60

1. 705 - 471	2. 344 - 287	3. 775 - 561	4. 339 - 187	5. 722 - 272	6. 773 - 587
7. 675 - 619	8. 815 - 769	9. 593 - 221	10. 431 - 426	11. 264 - 145	12. 816 - 752
13 429 - 119	14. 707 - 268	15. 279 - 128	16. 178 - 171	17. 686 - 564	18. 789 - 112
19. 556 - 279	20. 817 - 596	21. 986 - 334	22. 335 - 259	23. 537 - 480	24. 850 - 296
25. 425 - 337	26. 426 - 145	27. 223 - 214	28. 909 - 789	29. 960 - 351	30. 896 - 199
31. 633 - 417	32. 767 - 221	33. 567 - 154	34. 505 - 426	35. 897 - 118	36. 914 - 786
37. 821 - 673	38. 385 - 357	39. 604 - 115	40. 537 - 314	41. 838 - 733	42. 951 - 837
43. 508 - 288	44. 521 - 395	45. 618 - 530	46. 975 - 195	47. 835 - 365	48. 754 - 357
49. 558 - 286	50. 625 - 524	51. 828 - 796	52. 240 - 140	53. 304 - 178	54. 940 - 137
55. 397 - 294	56. 652 - 323	57. 766 - 582	58. 507 - 393	59. 914 - 556	60. 902 - 899

Triple Digits

111-999

Name: ____________________ **Date:** __________

Start Time: ______________ **End Time:** ______________

Score: ______ / 60

1. 803 - 475	2. 635 - 320	3. 871 - 497	4. 382 - 131	5. 635 - 451	6. 698 - 666
7. 881 - 388	8. 700 - 158	9. 595 - 324	10. 267 - 113	11. 948 - 394	12. 929 - 443
13 708 - 455	14. 800 - 305	15. 991 - 848	16. 441 - 402	17. 488 - 301	18. 989 - 321
19. 630 - 594	20. 477 - 237	21. 504 - 420	22. 532 - 197	23. 616 - 101	24. 751 - 644
25. 576 - 568	26. 497 - 129	27. 632 - 468	28. 893 - 302	29. 814 - 782	30. 507 - 321
31. 456 - 277	32. 658 - 314	33. 765 - 721	34. 953 - 777	35. 269 - 139	36. 967 - 644
37. 949 - 185	38. 415 - 262	39. 820 - 274	40. 543 - 183	41. 689 - 513	42. 872 - 522
43. 919 - 832	44. 407 - 163	45. 895 - 136	46. 578 - 403	47. 860 - 803	48. 832 - 681
49. 645 - 520	50. 279 - 153	51. 595 - 415	52. 531 - 344	53. 737 - 593	54. 655 - 246
55. 851 - 848	56. 758 - 671	57. 728 - 350	58. 959 - 231	59. 886 - 591	60. 616 - 538

Name: ____________________ **Date:** ____________

Start Time: ______________ **End Time:** ______________

Score: ______ / 60

1. 710 - 677	2. 755 - 164	3. 623 - 547	4. 810 - 409	5. 498 - 418	6. 807 - 358
7. 771 - 379	8. 891 - 420	9. 956 - 373	10. 452 - 101	11. 781 - 637	12. 498 - 372
13 327 - 147	14. 296 - 188	15. 508 - 136	16. 581 - 205	17. 703 - 652	18. 503 - 159
19. 373 - 337	20. 799 - 236	21. 533 - 114	22. 725 - 195	23. 714 - 711	24. 854 - 819
25. 460 - 252	26. 875 - 335	27. 592 - 291	28. 757 - 453	29. 981 - 463	30. 666 - 260
31. 887 - 864	32. 941 - 397	33. 801 - 229	34. 776 - 631	35. 591 - 419	36. 520 - 133
37. 713 - 142	38. 371 - 296	39. 865 - 269	40. 467 - 240	41. 873 - 174	42. 881 - 100
43. 313 - 264	44. 617 - 222	45. 625 - 235	46. 282 - 203	47. 766 - 481	48. 482 - 428
49. 544 - 429	50. 645 - 242	51. 263 - 113	52. 709 - 697	53. 581 - 309	54. 545 - 403
55. 770 - 718	56. 885 - 280	57. 832 - 105	58. 775 - 498	59. 860 - 355	60. 161 - 123

Triple Digits

111-999

Name: ____________________ **Date:** ____________

Start Time: ______________ **End Time:** ______________

Score: ______ / 60

1. 374 - 161	2. 876 - 639	3. 318 - 308	4. 494 - 494	5. 322 - 136	6. 988 - 611
7. 457 - 186	8. 521 - 410	9. 872 - 624	10. 382 - 269	11. 949 - 705	12. 928 - 409
13 854 - 724	14. 769 - 763	15. 326 - 141	16. 473 - 218	17. 324 - 246	18. 409 - 229
19. 888 - 200	20. 905 - 498	21. 623 - 312	22. 810 - 282	23. 234 - 169	24. 871 - 813
25. 985 - 725	26. 592 - 545	27. 783 - 419	28. 947 - 659	29. 765 - 517	30. 683 - 293
31. 444 - 293	32. 918 - 491	33. 838 - 432	34. 267 - 172	35. 899 - 518	36. 777 - 199
37. 180 - 158	38. 816 - 624	39. 759 - 366	40. 931 - 494	41. 710 - 422	42. 513 - 266
43. 712 - 570	44. 956 - 949	45. 197 - 184	46. 951 - 202	47. 685 - 476	48. 799 - 429
49. 509 - 506	50. 765 - 726	51. 281 - 202	52. 746 - 708	53. 221 - 198	54. 156 - 135
55. 450 - 387	56. 320 - 168	57. 607 - 386	58. 322 - 146	59. 666 - 511	60. 201 - 180

Triple Digits
111-999

Name: ______________________ **Date:** ___________

Start Time: _______________ **End Time:** _______________

Score: ______
60

1. 839 - 138	2. 682 - 285	3. 711 - 233	4. 210 - 122	5. 705 - 575	6. 744 - 281
7. 995 - 941	8. 648 - 163	9. 979 - 568	10. 188 - 178	11. 671 - 546	12. 242 - 146
13 773 - 167	14. 920 - 196	15. 439 - 218	16. 848 - 132	17. 670 - 368	18. 865 - 789
19. 487 - 335	20. 235 - 102	21. 876 - 668	22. 726 - 312	23. 999 - 208	24. 838 - 198
25. 972 - 670	26. 263 - 256	27. 588 - 417	28. 762 - 641	29. 744 - 625	30. 741 - 399
31. 310 - 139	32. 318 - 279	33. 641 - 320	34. 793 - 211	35. 631 - 127	36. 770 - 476
37. 481 - 420	38. 514 - 185	39. 722 - 425	40. 803 - 626	41. 655 - 564	42. 647 - 222
43. 905 - 815	44. 460 - 358	45. 876 - 569	46. 928 - 110	47. 976 - 550	48. 910 - 522
49. 916 - 602	50. 654 - 164	51. 924 - 478	52. 449 - 174	53. 823 - 219	54. 387 - 253
55. 790 - 561	56. 604 - 205	57. 708 - 301	58. 957 - 878	59. 323 - 228	60. 978 - 877

Name: ____________________ **Date:** __________

Start Time: ______________ **End Time:** ______________

Score: ______ / 60

1. 754 - 109	2. 427 - 107	3. 361 - 217	4. 620 - 396	5. 575 - 195	6. 530 - 361
7. 496 - 143	8. 286 - 251	9. 809 - 496	10. 802 - 699	11. 404 - 364	12. 777 - 730
13 894 - 291	14. 676 - 502	15. 624 - 348	16. 936 - 434	17. 303 - 150	18. 892 - 547
19. 809 - 157	20. 813 - 517	21. 400 - 137	22. 612 - 529	23. 964 - 876	24. 734 - 280
25. 983 - 875	26. 460 - 375	27. 844 - 140	28. 544 - 135	29. 427 - 380	30. 856 - 150
31. 941 - 684	32. 902 - 190	33. 826 - 568	34. 987 - 533	35. 382 - 104	36. 945 - 285
37. 640 - 125	38. 636 - 396	39. 367 - 195	40. 866 - 859	41. 983 - 629	42. 514 - 136
43. 837 - 332	44. 781 - 471	45. 428 - 311	46. 164 - 128	47. 574 - 120	48. 786 - 419
49. 537 - 172	50. 226 - 189	51. 567 - 358	52. 998 - 225	53. 595 - 416	54. 578 - 177
55. 362 - 217	56. 950 - 766	57. 921 - 729	58. 708 - 569	59. 638 - 273	60. 545 - 248

Triple Digits
111-999

Name: ______________________ **Date:** ____________

Start Time: ______________ **End Time:** ______________

Score: ______
60

1. 937 - 618	2. 192 - 104	3. 947 - 676	4. 785 - 296	5. 838 - 619	6. 771 - 747
7. 861 - 458	8. 559 - 166	9. 979 - 737	10. 918 - 204	11. 928 - 254	12. 483 - 211
13 926 - 608	14. 998 - 961	15. 288 - 115	16. 909 - 702	17. 378 - 255	18. 896 - 324
19. 906 - 330	20. 612 - 383	21. 621 - 491	22. 832 - 740	23. 929 - 253	24. 658 - 435
25. 981 - 491	26. 890 - 141	27. 239 - 235	28. 848 - 248	29. 868 - 450	30. 353 - 199
31. 705 - 649	32. 385 - 363	33. 966 - 287	34. 998 - 845	35. 471 - 422	36. 762 - 204
37. 393 - 368	38. 886 - 463	39. 653 - 232	40. 793 - 722	41. 389 - 206	42. 781 - 672
43. 448 - 119	44. 678 - 584	45. 746 - 456	46. 765 - 745	47. 980 - 549	48. 596 - 551
49. 721 - 666	50. 581 - 360	51. 904 - 328	52. 619 - 241	53. 731 - 236	54. 706 - 618
55. 909 - 744	56. 964 - 715	57. 968 - 357	58. 327 - 322	59. 806 - 645	60. 645 - 228

Name: ______________________ Date: __________

Start Time: ______________ End Time: ______________

Score: ______
60

1. 319 - 102	2. 747 - 186	3. 703 - 207	4. 395 - 367	5. 703 - 114	6. 961 - 647
7. 844 - 728	8. 421 - 106	9. 706 - 661	10. 771 - 759	11. 983 - 331	12. 923 - 809
13 375 - 239	14. 313 - 171	15. 576 - 254	16. 589 - 459	17. 850 - 549	18. 405 - 109
19. 733 - 195	20. 839 - 556	21. 713 - 607	22. 596 - 344	23. 783 - 175	24. 717 - 223
25. 309 - 113	26. 548 - 511	27. 626 - 204	28. 616 - 227	29. 710 - 241	30. 673 - 288
31. 389 - 306	32. 897 - 244	33. 439 - 330	34. 620 - 567	35. 626 - 546	36. 838 - 269
37. 813 - 545	38. 359 - 203	39. 946 - 687	40. 860 - 705	41. 345 - 153	42. 977 - 660
43. 959 - 885	44. 802 - 652	45. 417 - 232	46. 954 - 251	47. 316 - 158	48. 910 - 552
49. 793 - 675	50. 977 - 442	51. 958 - 714	52. 742 - 649	53. 817 - 149	54. 740 - 186
55. 537 - 308	56. 328 - 136	57. 570 - 321	58. 755 - 314	59. 673 - 477	60. 760 - 172

Name: ______________________ **Date:** ____________

Start Time: ______________ **End Time:** ______________

Score: ______ / 60

1. 794 - 419	2. 946 - 943	3. 886 - 485	4. 620 - 392	5. 851 - 519	6. 558 - 122
7. 851 - 721	8. 870 - 172	9. 728 - 570	10. 761 - 430	11. 528 - 226	12. 714 - 273
13 941 - 284	14. 970 - 640	15. 735 - 377	16. 976 - 623	17. 495 - 329	18. 929 - 619
19. 784 - 651	20. 613 - 370	21. 670 - 251	22. 790 - 596	23. 657 - 575	24. 514 - 107
25. 571 - 125	26. 426 - 348	27. 591 - 169	28. 790 - 545	29. 480 - 439	30. 893 - 157
31. 755 - 621	32. 890 - 349	33. 954 - 437	34. 965 - 528	35. 414 - 182	36. 421 - 342
37. 687 - 350	38. 174 - 120	39. 721 - 411	40. 207 - 122	41. 646 - 412	42. 739 - 621
43. 551 - 204	44. 826 - 188	45. 513 - 101	46. 532 - 509	47. 846 - 312	48. 540 - 321
49. 686 - 278	50. 265 - 200	51. 833 - 217	52. 819 - 505	53. 851 - 819	54. 541 - 380
55. 365 - 248	56. 689 - 590	57. 749 - 223	58. 449 - 155	59. 442 - 264	60. 664 - 423

Triple Digits
111-999

Name: ______________________ **Date:** ____________

Start Time: ______________ **End Time:** ______________

Score: ______ / 60

1. 633 - 307	2. 835 - 284	3. 708 - 392	4. 581 - 223	5. 827 - 637	6. 965 - 412
7. 538 - 211	8. 480 - 389	9. 918 - 808	10. 859 - 592	11. 857 - 638	12. 531 - 119
13 629 - 103	14. 965 - 345	15. 818 - 439	16. 692 - 467	17. 444 - 305	18. 301 - 200
19. 318 - 138	20. 749 - 537	21. 779 - 688	22. 939 - 102	23. 483 - 328	24. 824 - 207
25. 400 - 355	26. 497 - 284	27. 993 - 226	28. 641 - 264	29. 981 - 305	30. 894 - 547
31. 395 - 171	32. 670 - 215	33. 996 - 709	34. 321 - 262	35. 531 - 383	36. 439 - 139
37. 840 - 103	38. 906 - 586	39. 311 - 115	40. 582 - 238	41. 673 - 526	42. 729 - 178
43. 646 - 270	44. 691 - 162	45. 587 - 166	46. 978 - 743	47. 996 - 290	48. 871 - 451
49. 640 - 287	50. 939 - 391	51. 660 - 432	52. 973 - 446	53. 826 - 115	54. 785 - 389
55. 941 - 360	56. 972 - 635	57. 713 - 293	58. 750 - 250	59. 822 - 237	60. 783 - 482

Triple Digits

111-999

Name: ____________________ Date: ____________

Start Time: ______________ End Time: ______________

Score: ______
60

1. 509 - 432	2. 537 - 418	3. 844 - 579	4. 913 - 333	5. 468 - 186	6. 520 - 117
7. 465 - 104	8. 411 - 401	9. 954 - 922	10. 698 - 211	11. 771 - 543	12. 211 - 143
13 701 - 474	14. 648 - 553	15. 499 - 472	16. 981 - 648	17. 773 - 546	18. 709 - 137
19. 983 - 903	20. 788 - 279	21. 576 - 331	22. 945 - 565	23. 912 - 559	24. 679 - 314
25. 316 - 128	26. 875 - 423	27. 582 - 561	28. 837 - 455	29. 910 - 309	30. 932 - 798
31. 945 - 828	32. 713 - 632	33. 702 - 371	34. 525 - 117	35. 798 - 252	36. 406 - 286
37. 267 - 151	38. 963 - 347	39. 615 - 377	40. 870 - 600	41. 398 - 384	42. 849 - 587
43. 862 - 210	44. 786 - 214	45. 704 - 380	46. 406 - 148	47. 834 - 188	48. 594 - 277
49. 917 - 297	50. 968 - 816	51. 769 - 133	52. 967 - 621	53. 999 - 324	54. 930 - 115
55. 964 - 700	56. 574 - 540	57. 689 - 528	58. 728 - 329	59. 898 - 432	60. 810 - 362

Triple Digits

111-999

Name: ______________________ **Date:** ____________

Start Time: ______________ **End Time:** ______________

Score: ______ / 60

1. 503 - 139	2. 467 - 180	3. 449 - 109	4. 971 - 948	5. 945 - 675	6. 259 - 220
7. 992 - 646	8. 915 - 538	9. 969 - 345	10. 594 - 424	11. 968 - 857	12. 692 - 235
13 938 - 387	14. 635 - 262	15. 683 - 635	16. 977 - 924	17. 865 - 677	18. 341 - 107
19. 920 - 486	20. 749 - 377	21. 830 - 596	22. 225 - 139	23. 597 - 211	24. 371 - 341
25. 715 - 233	26. 878 - 592	27. 882 - 221	28. 855 - 265	29. 963 - 943	30. 513 - 394
31. 447 - 115	32. 715 - 183	33. 612 - 445	34. 816 - 734	35. 518 - 488	36. 574 - 518
37. 644 - 363	38. 468 - 207	39. 877 - 364	40. 918 - 255	41. 883 - 362	42. 915 - 676
43. 530 - 449	44. 916 - 305	45. 934 - 348	46. 998 - 429	47. 385 - 342	48. 477 - 108
49. 979 - 201	50. 852 - 139	51. 855 - 610	52. 258 - 246	53. 987 - 801	54. 834 - 516
55. 463 - 285	56. 935 - 816	57. 784 - 314	58. 373 - 265	59. 624 - 170	60. 982 - 164

Triple Digits

111-999

Name: ______________________ **Date:** ____________

Start Time: ______________ **End Time:** ______________

Score: ______

60

1. 604 - 600	2. 790 - 770	3. 827 - 525	4. 961 - 779	5. 381 - 355	6. 495 - 234
7. 682 - 513	8. 933 - 129	9. 931 - 154	10. 371 - 202	11. 937 - 902	12. 935 - 777
13 952 - 476	14. 824 - 491	15. 133 - 112	16. 803 - 625	17. 930 - 841	18. 562 - 181
19. 759 - 160	20. 878 - 231	21. 782 - 633	22. 982 - 237	23. 714 - 359	24. 960 - 559
25. 521 - 103	26. 612 - 263	27. 920 - 148	28. 658 - 307	29. 772 - 615	30. 994 - 792
31. 629 - 213	32. 630 - 399	33. 548 - 534	34. 973 - 894	35. 929 - 658	36. 844 - 454
37. 521 - 414	38. 855 - 781	39. 690 - 344	40. 812 - 722	41. 286 - 282	42. 406 - 202
43. 598 - 279	44. 609 - 443	45. 879 - 671	46. 620 - 140	47. 906 - 520	48. 790 - 706
49. 716 - 542	50. 680 - 117	51. 441 - 157	52. 716 - 618	53. 716 - 434	54. 934 - 136
55. 993 - 355	56. 735 - 303	57. 754 - 180	58. 625 - 137	59. 332 - 135	60. 421 - 362

Name: _____ **Date:** _____

Start Time: _____ **End Time:** _____

Score: _____

60

1.	2.	3.	4.	5.	6.
920 − 291	967 − 827	636 − 202	933 − 417	924 − 364	558 − 176
7.	8.	9.	10.	11.	12.
511 − 489	968 − 225	812 − 505	979 − 538	993 − 349	467 − 243
13	14.	15.	16.	17.	18.
437 − 156	832 − 768	451 − 416	610 − 175	592 − 452	744 − 574
19.	20.	21.	22.	23.	24.
663 − 603	562 − 330	917 − 104	338 − 292	352 − 197	866 − 247
25.	26.	27.	28.	29.	30.
440 − 103	515 − 460	805 − 200	263 − 186	574 − 398	345 − 267
31.	32.	33.	34.	35.	36.
800 − 578	724 − 722	484 − 446	692 − 183	988 − 890	733 − 372
37.	38.	39.	40.	41.	42.
831 − 396	808 − 341	370 − 171	921 − 522	693 − 245	975 − 838
43.	44.	45.	46.	47.	48.
920 − 517	853 − 587	591 − 532	987 − 642	493 − 193	486 − 462
49.	50.	51.	52.	53.	54.
472 − 108	483 − 222	524 − 116	784 − 198	800 − 641	716 − 526
55.	56.	57.	58.	59.	60.
558 − 172	721 − 604	543 − 125	464 − 367	414 − 263	440 − 235

Triple Digits
111-999

Name: ____________________ **Date:** ____________

Start Time: ______________ **End Time:** ______________

Score: ______
60

1. 619 - 461	2. 561 - 492	3. 875 - 643	4. 969 - 390	5. 999 - 777	6. 736 - 257
7. 836 - 536	8. 841 - 776	9. 401 - 292	10. 756 - 324	11. 590 - 378	12. 593 - 531
13 924 - 572	14. 520 - 337	15. 722 - 300	16. 942 - 733	17. 408 - 319	18. 730 - 635
19. 857 - 521	20. 963 - 628	21. 634 - 285	22. 217 - 198	23. 927 - 778	24. 964 - 605
25. 784 - 527	26. 596 - 141	27. 886 - 214	28. 776 - 497	29. 908 - 862	30. 627 - 527
31. 394 - 139	32. 632 - 525	33. 647 - 308	34. 814 - 434	35. 588 - 253	36. 920 - 111
37. 976 - 662	38. 535 - 467	39. 940 - 440	40. 972 - 460	41. 822 - 627	42. 577 - 415
43. 514 - 162	44. 870 - 632	45. 909 - 358	46. 861 - 408	47. 855 - 431	48. 668 - 189
49. 822 - 284	50. 274 - 209	51. 823 - 181	52. 952 - 589	53. 760 - 390	54. 886 - 635
55. 703 - 469	56. 533 - 491	57. 724 - 585	58. 379 - 332	59. 662 - 594	60. 752 - 461

Name: _____ **Date:** _____

Start Time: _____ **End Time:** _____

Score: _____

60

1.	2.	3.	4.	5.	6.
730 - 399	667 - 638	595 - 394	990 - 165	655 - 249	950 - 496
7.	8.	9.	10.	11.	12.
242 - 156	288 - 144	328 - 211	686 - 546	816 - 591	849 - 289
13	14.	15.	16.	17.	18.
997 - 329	890 - 641	945 - 815	943 - 616	768 - 470	806 - 516
19.	20.	21.	22.	23.	24.
739 - 116	671 - 502	742 - 375	474 - 428	535 - 310	580 - 446
25.	26.	27.	28.	29.	30.
969 - 902	961 - 548	832 - 447	741 - 208	680 - 134	831 - 489
31.	32.	33.	34.	35.	36.
425 - 270	652 - 215	183 - 109	718 - 212	476 - 190	837 - 742
37.	38.	39.	40.	41.	42.
684 - 157	198 - 162	800 - 603	328 - 193	341 - 115	601 - 185
43.	44.	45.	46.	47.	48.
675 - 231	983 - 723	514 - 144	490 - 486	617 - 250	890 - 471
49.	50.	51.	52.	53.	54.
995 - 635	350 - 167	359 - 351	746 - 192	755 - 752	875 - 260
55.	56.	57.	58.	59.	60.
921 - 778	275 - 238	719 - 529	380 - 229	411 - 361	665 - 660

Name: _____ **Date:** _____

Start Time: _____ **End Time:** _____

Score: _____

60

1.	2.	3.	4.	5.	6.
875 - 384	823 - 431	216 - 150	379 - 195	380 - 107	520 - 149
7.	8.	9.	10.	11.	12.
822 - 554	879 - 705	859 - 509	568 - 336	303 - 130	645 - 165
13.	14.	15.	16.	17.	18.
756 - 522	981 - 457	492 - 121	849 - 762	989 - 961	912 - 901
19.	20.	21.	22.	23.	24.
946 - 487	889 - 848	750 - 433	920 - 811	535 - 227	963 - 450
25.	26.	27.	28.	29.	30.
636 - 444	868 - 348	722 - 402	591 - 453	783 - 627	440 - 378
31.	32.	33.	34.	35.	36.
841 - 477	239 - 201	946 - 163	998 - 891	975 - 129	607 - 170
37.	38.	39.	40.	41.	42.
187 - 139	390 - 351	992 - 687	532 - 312	367 - 343	742 - 512
43.	44.	45.	46.	47.	48.
268 - 251	983 - 696	798 - 490	898 - 858	900 - 449	546 - 247
49.	50.	51.	52.	53.	54.
530 - 386	526 - 321	467 - 415	990 - 408	471 - 161	255 - 105
55.	56.	57.	58.	59.	60.
788 - 656	893 - 540	549 - 331	887 - 806	892 - 883	879 - 864

Triple Digits

111-999

Name: ______________________ **Date:** ____________

Start Time: ______________ **End Time:** ______________

Score: ______ / 60

1. 377 - 260
2. 759 - 386
3. 923 - 268
4. 390 - 288
5. 212 - 131
6. 735 - 663
7. 604 - 225
8. 614 - 453
9. 913 - 630
10. 882 - 327
11. 931 - 657
12. 508 - 455
13. 405 - 140
14. 950 - 533
15. 437 - 264
16. 374 - 150
17. 837 - 156
18. 878 - 783
19. 646 - 132
20. 952 - 265
21. 184 - 111
22. 972 - 680
23. 674 - 512
24. 719 - 441
25. 921 - 665
26. 368 - 284
27. 892 - 526
28. 484 - 233
29. 549 - 166
30. 978 - 726
31. 881 - 191
32. 940 - 660
33. 413 - 249
34. 538 - 338
35. 493 - 306
36. 680 - 603
37. 577 - 555
38. 895 - 887
39. 487 - 231
40. 738 - 101
41. 375 - 235
42. 539 - 402
43. 281 - 202
44. 589 - 466
45. 743 - 305
46. 885 - 126
47. 848 - 233
48. 374 - 240
49. 711 - 267
50. 899 - 128
51. 784 - 124
52. 991 - 423
53. 785 - 749
54. 949 - 712
55. 108 - 102
56. 953 - 776
57. 776 - 649
58. 571 - 552
59. 835 - 279
60. 921 - 161

Name: ____________________ **Date:** __________

Start Time: ______________ **End Time:** ______________

Score: ______ / 60

1. 446 - 329	2. 583 - 413	3. 968 - 758	4. 819 - 753	5. 963 - 449	6. 813 - 811
7. 698 - 417	8. 637 - 269	9. 757 - 495	10. 810 - 240	11. 898 - 654	12. 899 - 345
13 917 - 448	14. 542 - 168	15. 790 - 684	16. 988 - 206	17. 822 - 562	18. 994 - 316
19. 609 - 384	20. 989 - 153	21. 785 - 213	22. 759 - 695	23. 945 - 426	24. 405 - 299
25. 371 - 219	26. 956 - 423	27. 360 - 333	28. 950 - 778	29. 703 - 426	30. 638 - 108
31. 603 - 241	32. 890 - 459	33. 846 - 287	34. 834 - 455	35. 944 - 324	36. 549 - 513
37. 719 - 242	38. 815 - 658	39. 768 - 235	40. 996 - 195	41. 762 - 524	42. 754 - 607
43. 649 - 128	44. 873 - 569	45. 837 - 763	46. 975 - 576	47. 712 - 338	48. 916 - 148
49. 334 - 205	50. 767 - 525	51. 821 - 802	52. 443 - 256	53. 899 - 195	54. 631 - 446
55. 720 - 448	56. 544 - 455	57. 469 - 299	58. 830 - 627	59. 738 - 120	60. 506 - 103

Name: ____________________ **Date:** __________

Start Time: ______________ **End Time:** ______________

Score: ______ / 60

1. 408 - 347	2. 657 - 135	3. 819 - 800	4. 988 - 389	5. 499 - 404	6. 596 - 552
7. 755 - 690	8. 555 - 266	9. 906 - 876	10. 479 - 403	11. 985 - 862	12. 535 - 417
13 705 - 694	14. 990 - 593	15. 949 - 128	16. 563 - 380	17. 950 - 590	18. 527 - 328
19. 799 - 271	20. 483 - 168	21. 914 - 214	22. 420 - 169	23. 849 - 256	24. 809 - 250
25. 973 - 686	26. 878 - 500	27. 545 - 183	28. 628 - 524	29. 545 - 175	30. 800 - 555
31. 759 - 218	32. 658 - 501	33. 458 - 192	34. 626 - 479	35. 938 - 439	36. 883 - 879
37. 810 - 480	38. 524 - 290	39. 553 - 255	40. 971 - 934	41. 955 - 351	42. 871 - 540
43. 449 - 108	44. 697 - 447	45. 409 - 300	46. 820 - 743	47. 831 - 449	48. 715 - 668
49. 752 - 638	50. 838 - 293	51. 769 - 311	52. 704 - 126	53. 752 - 308	54. 753 - 534
55. 929 - 911	56. 621 - 504	57. 461 - 408	58. 662 - 299	59. 381 - 272	60. 963 - 531

Name: _____ **Date:** _____

Start Time: _____ **End Time:** _____

Score: _____
60

1.	2.	3.	4.	5.	6.
849 - 806	763 - 597	247 - 145	490 - 223	686 - 596	383 - 325
7.	8.	9.	10.	11.	12.
988 - 153	627 - 458	336 - 113	583 - 231	873 - 560	839 - 712
13	14.	15.	16.	17.	18.
408 - 128	996 - 577	130 - 102	825 - 237	830 - 601	872 - 231
19.	20.	21.	22.	23.	24.
526 - 469	765 - 760	823 - 732	988 - 266	733 - 546	893 - 381
25.	26.	27.	28.	29.	30.
554 - 252	612 - 451	427 - 353	608 - 118	173 - 115	603 - 247
31.	32.	33.	34.	35.	36.
976 - 433	821 - 781	481 - 299	874 - 405	438 - 157	293 - 254
37.	38.	39.	40.	41.	42.
674 - 577	980 - 691	751 - 683	772 - 229	146 - 128	977 - 191
43.	44.	45.	46.	47.	48.
918 - 867	916 - 594	873 - 286	292 - 178	915 - 353	738 - 256
49.	50.	51.	52.	53.	54.
785 - 671	687 - 444	461 - 214	835 - 353	863 - 158	796 - 216
55.	56.	57.	58.	59.	60.
440 - 104	651 - 532	293 - 166	924 - 337	708 - 206	643 - 586

Triple Digits

111-999

Name: ______________________ **Date:** ____________

Start Time: ______________ **End Time:** ______________

Score: ______ / 60

1. 996 - 770	2. 946 - 599	3. 662 - 207	4. 741 - 189	5. 729 - 215	6. 480 - 215
7. 836 - 625	8. 891 - 115	9. 876 - 160	10. 784 - 147	11. 660 - 520	12. 588 - 127
13 992 - 461	14. 831 - 334	15. 726 - 434	16. 215 - 193	17. 717 - 545	18. 944 - 222
19. 490 - 253	20. 442 - 418	21. 634 - 395	22. 929 - 929	23. 680 - 599	24. 979 - 628
25. 896 - 802	26. 555 - 515	27. 498 - 394	28. 250 - 117	29. 550 - 277	30. 605 - 268
31. 455 - 433	32. 444 - 109	33. 868 - 823	34. 716 - 356	35. 499 - 126	36. 788 - 601
37. 737 - 417	38. 443 - 421	39. 934 - 175	40. 983 - 687	41. 431 - 244	42. 448 - 149
43. 877 - 122	44. 999 - 840	45. 525 - 523	46. 975 - 855	47. 932 - 551	48. 870 - 263
49. 388 - 218	50. 817 - 447	51. 893 - 600	52. 767 - 570	53. 984 - 707	54. 401 - 234
55. 792 - 411	56. 853 - 645	57. 731 - 498	58. 782 - 229	59. 518 - 102	60. 324 - 134

Name: ____________________ **Date:** __________

Start Time: ______________ **End Time:** ______________

Score: ______ / 60

1. 582 - 310	2. 754 - 501	3. 449 - 267	4. 939 - 799	5. 647 - 390	6. 634 - 301
7. 593 - 581	8. 808 - 547	9. 842 - 832	10. 374 - 139	11. 711 - 588	12. 741 - 410
13 755 - 734	14. 859 - 506	15. 959 - 549	16. 777 - 590	17. 464 - 138	18. 938 - 510
19. 913 - 685	20. 892 - 579	21. 627 - 593	22. 716 - 551	23. 835 - 210	24. 298 - 207
25. 896 - 589	26. 596 - 236	27. 687 - 465	28. 587 - 357	29. 821 - 130	30. 729 - 553
31. 570 - 149	32. 880 - 346	33. 749 - 367	34. 382 - 164	35. 457 - 285	36. 320 - 288
37. 517 - 238	38. 764 - 666	39. 816 - 359	40. 594 - 240	41. 261 - 254	42. 916 - 645
43. 984 - 523	44. 755 - 647	45. 727 - 653	46. 801 - 692	47. 583 - 566	48. 799 - 197
49. 572 - 106	50. 632 - 108	51. 402 - 293	52. 765 - 323	53. 881 - 240	54. 428 - 262
55. 727 - 322	56. 391 - 224	57. 836 - 639	58. 559 - 423	59. 993 - 247	60. 405 - 379

Name: ______________________ **Date:** ____________

Start Time: ______________ **End Time:** ______________

Score: ______ / 60

1. 619 - 361	2. 739 - 283	3. 815 - 674	4. 985 - 217	5. 923 - 906	6. 444 - 207
7. 191 - 161	8. 888 - 224	9. 403 - 313	10. 885 - 602	11. 281 - 277	12. 619 - 168
13 526 - 155	14. 982 - 586	15. 176 - 108	16. 733 - 722	17. 841 - 378	18. 784 - 205
19. 682 - 207	20. 821 - 667	21. 705 - 319	22. 328 - 321	23. 880 - 342	24. 824 - 178
25. 305 - 219	26. 961 - 355	27. 538 - 136	28. 454 - 292	29. 801 - 389	30. 871 - 262
31. 984 - 679	32. 913 - 763	33. 519 - 290	34. 686 - 559	35. 759 - 474	36. 254 - 165
37. 195 - 151	38. 686 - 586	39. 647 - 638	40. 800 - 749	41. 646 - 430	42. 498 - 368
43. 682 - 659	44. 539 - 386	45. 893 - 243	46. 957 - 649	47. 968 - 828	48. 666 - 435
49. 690 - 168	50. 644 - 229	51. 572 - 211	52. 629 - 169	53. 971 - 778	54. 451 - 169
55. 905 - 346	56. 428 - 257	57. 809 - 123	58. 963 - 488	59. 709 - 112	60. 881 - 211

Triple Digits
111-999

Name: ____________________ **Date:** __________

Start Time: ______________ **End Time:** ______________

Score: ______
60

1. 990 - 750	2. 258 - 219	3. 833 - 563	4. 834 - 155	5. 387 - 353	6. 790 - 672
7. 854 - 774	8. 889 - 802	9. 537 - 333	10. 745 - 317	11. 885 - 790	12. 719 - 535
13 887 - 286	14. 878 - 706	15. 938 - 892	16. 727 - 349	17. 331 - 315	18. 703 - 666
19. 735 - 550	20. 878 - 636	21. 581 - 235	22. 583 - 229	23. 403 - 186	24. 664 - 481
25. 570 - 434	26. 868 - 366	27. 701 - 465	28. 932 - 341	29. 454 - 241	30. 226 - 163
31. 867 - 193	32. 896 - 272	33. 942 - 721	34. 389 - 283	35. 866 - 621	36. 264 - 140
37. 910 - 401	38. 734 - 502	39. 998 - 270	40. 800 - 379	41. 583 - 300	42. 611 - 397
43. 926 - 613	44. 418 - 409	45. 328 - 101	46. 756 - 253	47. 860 - 613	48. 980 - 938
49. 783 - 489	50. 834 - 366	51. 763 - 202	52. 661 - 138	53. 373 - 208	54. 651 - 167
55. 891 - 198	56. 837 - 611	57. 912 - 169	58. 844 - 549	59. 823 - 662	60. 486 - 407

Multi Digits

1111-9999

Name: ______________________ **Date:** __________

Start Time: ______________ **End Time:** ______________

Score: ______ / 60

1. 2919 - 2053	2. 4443 - 2516	3. 6536 - 2905	4. 5938 - 2879	5. 2543 - 2028	6. 5916 - 5316
7. 6823 - 6406	8. 9940 - 4997	9. 8687 - 7039	10. 5928 - 5180	11. 8307 - 5846	12. 9369 - 1964
13 6451 - 5000	14. 6348 - 1497	15. 5692 - 4280	16. 9657 - 1339	17. 8510 - 4251	18. 7803 - 3598
19. 8618 - 4798	20. 7820 - 7675	21. 9216 - 8807	22. 9014 - 3051	23. 9599 - 6355	24. 6936 - 5289
25. 4805 - 2251	26. 7408 - 3026	27. 9129 - 1504	28. 9720 - 7255	29. 4433 - 3360	30. 2470 - 1041
31. 8975 - 2563	32. 7634 - 6262	33. 7520 - 1859	34. 5310 - 1617	35. 9677 - 5785	36. 8489 - 5707
37. 6235 - 5612	38. 7607 - 6067	39. 7766 - 1991	40. 9124 - 7400	41. 9234 - 8309	42. 8140 - 6057
43. 9071 - 7905	44. 7549 - 2882	45. 3815 - 1195	46. 8511 - 1351	47. 3630 - 2613	48. 6625 - 5458
49. 9823 - 4178	50. 4737 - 2688	51. 7387 - 5744	52. 4369 - 2297	53. 9983 - 5035	54. 8702 - 3158
55. 7238 - 6928	56. 5694 - 3842	57. 8299 - 5148	58. 4066 - 3106	59. 8799 - 6795	60. 7005 - 1234

Name: ____________________ **Date:** __________

Start Time: ______________ **End Time:** ______________

Score: ______ / 60

1. 7028 - 2982	2. 9692 - 2766	3. 6651 - 5490	4. 7920 - 3420	5. 6547 - 3427	6. 8034 - 6854
7. 7785 - 4324	8. 7864 - 3830	9. 5936 - 4061	10. 3377 - 3218	11. 4844 - 1446	12. 6369 - 4441
13 9414 - 4901	14. 7852 - 5416	15. 9898 - 6473	16. 5420 - 3602	17. 5865 - 3542	18. 2372 - 2147
19. 8099 - 1953	20. 5265 - 1072	21. 3927 - 1820	22. 9483 - 7549	23. 9359 - 2629	24. 5080 - 1384
25. 6909 - 1026	26. 9037 - 6060	27. 7159 - 1318	28. 9398 - 8367	29. 8564 - 8091	30. 9061 - 3065
31. 2828 - 2248	32. 3379 - 1633	33. 7166 - 4464	34. 5626 - 3521	35. 4796 - 4172	36. 9256 - 5258
37. 9067 - 8046	38. 9071 - 5204	39. 8059 - 7176	40. 5150 - 4121	41. 6423 - 1371	42. 5942 - 2969
43. 4842 - 1717	44. 8692 - 3423	45. 8317 - 4839	46. 9276 - 6118	47. 8541 - 1055	48. 6546 - 3194
49. 6130 - 2564	50. 2960 - 1976	51. 6679 - 3767	52. 6895 - 5913	53. 3325 - 3130	54. 6335 - 1841
55. 6693 - 6578	56. 9720 - 7443	57. 8136 - 1269	58. 8249 - 4074	59. 8465 - 5905	60. 9084 - 1482

Multi Digits

1111-9999

Name: ____________________ **Date:** ____________

Start Time: ______________ **End Time:** ______________

Score: ______ / 60

1. 4108 - 4086	2. 5815 - 4891	3. 7841 - 5833	4. 9796 - 8906	5. 8814 - 2599	6. 7059 - 3066
7. 8821 - 1343	8. 9347 - 1345	9. 4521 - 4489	10. 5052 - 3173	11. 9441 - 3640	12. 9242 - 8158
13 4886 - 1495	14. 7066 - 5477	15. 9606 - 4240	16. 8781 - 3571	17. 8601 - 1092	18. 8262 - 1983
19. 9271 - 8896	20. 7376 - 1024	21. 7501 - 1612	22. 8445 - 7752	23. 7314 - 2580	24. 9269 - 1420
25. 6551 - 1787	26. 5451 - 1770	27. 5609 - 2180	28. 9061 - 6675	29. 5173 - 3578	30. 6072 - 2749
31. 8099 - 1257	32. 6061 - 5434	33. 5440 - 3152	34. 9954 - 9868	35. 5393 - 4549	36. 4805 - 4445
37. 5685 - 5581	38. 9615 - 5982	39. 5038 - 4713	40. 7402 - 4907	41. 4221 - 4138	42. 9343 - 1889
43. 9735 - 2536	44. 4837 - 3860	45. 7392 - 5976	46. 4900 - 2586	47. 7272 - 1916	48. 7703 - 5658
49. 3025 - 1109	50. 3217 - 2498	51. 8338 - 1309	52. 6766 - 4943	53. 8738 - 6841	54. 2914 - 1912
55. 4284 - 3154	56. 4641 - 3969	57. 6809 - 4566	58. 5685 - 4362	59. 8100 - 7948	60. 8175 - 5946

Multi Digits

1111-9999

Name: ______________________ **Date:** ____________

Start Time: ______________ **End Time:** ______________

Score: _______ / 60

1. 4675 - 4373	2. 8703 - 5054	3. 4887 - 1644	4. 5848 - 5457	5. 8162 - 6298	6. 6458 - 5872
7. 2851 - 2244	8. 6243 - 3652	9. 8645 - 5587	10. 7921 - 6461	11. 9997 - 3866	12. 4554 - 3925
13 9646 - 9239	14. 9445 - 6097	15. 8827 - 2517	16. 4958 - 1890	17. 9907 - 1634	18. 5013 - 3002
19. 4831 - 2025	20. 3228 - 2155	21. 7331 - 5398	22. 5482 - 5310	23. 9199 - 5365	24. 7291 - 1402
25. 9024 - 5921	26. 7731 - 3240	27. 8319 - 1065	28. 9083 - 4673	29. 9579 - 2406	30. 9350 - 1769
31. 8542 - 5615	32. 8653 - 3870	33. 5288 - 2179	34. 9802 - 6515	35. 4468 - 3675	36. 5664 - 5432
37. 8078 - 6210	38. 7714 - 1489	39. 7712 - 3498	40. 7829 - 7450	41. 8607 - 6752	42. 7697 - 5093
43. 8514 - 7271	44. 6877 - 3876	45. 8663 - 5648	46. 8607 - 1912	47. 8799 - 8593	48. 6847 - 1787
49. 5975 - 2502	50. 4883 - 4082	51. 7884 - 7309	52. 5387 - 2584	53. 8158 - 2544	54. 2907 - 2654
55. 9958 - 7700	56. 3468 - 1576	57. 6216 - 5473	58. 2870 - 1380	59. 7664 - 4987	60. 3087 - 1702

Multi Digits

1111-9999

Name: ______________________ **Date:** ____________

Start Time: ________________ **End Time:** ________________

Score: ______ / 60

1. 5002 - 2513	2. 7671 - 4994	3. 5537 - 4542	4. 3903 - 1794	5. 7693 - 2701	6. 9811 - 1297
7. 5264 - 4534	8. 9769 - 9312	9. 5465 - 3309	10. 2982 - 2199	11. 7634 - 6370	12. 3639 - 2352
13 7974 - 7343	14. 6790 - 1524	15. 6622 - 5714	16. 8651 - 6891	17. 9366 - 1756	18. 4090 - 1947
19. 5368 - 2277	20. 7388 - 4043	21. 3663 - 2196	22. 9885 - 8550	23. 9556 - 1003	24. 4388 - 2807
25. 4461 - 4039	26. 6755 - 4447	27. 2790 - 1546	28. 9896 - 9230	29. 4381 - 1823	30. 5716 - 3452
31. 6074 - 5805	32. 9120 - 3427	33. 8407 - 5736	34. 5020 - 1394	35. 8058 - 4064	36. 1997 - 1684
37. 5755 - 1908	38. 8635 - 8333	39. 8528 - 7244	40. 7387 - 4462	41. 7030 - 1117	42. 7500 - 2363
43. 8755 - 2302	44. 8146 - 2242	45. 9834 - 3737	46. 2000 - 1727	47. 6829 - 6048	48. 8051 - 2533
49. 7889 - 1286	50. 4468 - 3302	51. 8350 - 8100	52. 7061 - 4975	53. 8864 - 1614	54. 6650 - 5492
55. 3950 - 1168	56. 8595 - 4349	57. 5522 - 5013	58. 5869 - 4070	59. 9181 - 7508	60. 4902 - 3391

Multi Digits
1111-9999

Name: ______________________ **Date:** ____________

Start Time: ______________ **End Time:** ______________

Score: ______ / 60

1. 9360 - 4433	2. 5064 - 1123	3. 1445 - 1215	4. 5365 - 4864	5. 8230 - 3948	6. 9948 - 6007
7. 7293 - 1227	8. 8615 - 6207	9. 2660 - 2418	10. 9907 - 2129	11. 4319 - 4308	12. 5577 - 3701
13 8368 - 3410	14. 7497 - 2792	15. 7933 - 6180	16. 8379 - 7889	17. 5496 - 3259	18. 9790 - 2901
19. 9470 - 8387	20. 5275 - 2900	21. 9371 - 1484	22. 2233 - 1790	23. 6115 - 3884	24. 9314 - 3694
25. 5321 - 3852	26. 6663 - 1855	27. 7328 - 3303	28. 8951 - 8123	29. 3234 - 1471	30. 6151 - 1175
31. 9434 - 1944	32. 5174 - 2351	33. 9891 - 6028	34. 3960 - 1885	35. 5151 - 2931	36. 3773 - 3163
37. 2006 - 1435	38. 8665 - 3779	39. 9175 - 2280	40. 6663 - 1858	41. 8780 - 5921	42. 3647 - 3515
43. 6131 - 1520	44. 6589 - 4654	45. 9906 - 1630	46. 3848 - 2737	47. 7121 - 2752	48. 9265 - 7185
49. 9520 - 4583	50. 5786 - 4495	51. 7702 - 1826	52. 4500 - 4282	53. 9954 - 2625	54. 8579 - 3112
55. 2501 - 1643	56. 6115 - 3254	57. 8415 - 1109	58. 4400 - 3015	59. 6995 - 2569	60. 6722 - 6217

Multi Digits

1111-9999

Name: ______________________ Date: ____________

Start Time: ______________ End Time: ______________

Score: ______ / 60

1. 7436 - 1203	2. 8843 - 5751	3. 9154 - 5628	4. 3299 - 1384	5. 9678 - 1801	6. 8082 - 6553
7. 3858 - 3632	8. 9925 - 5367	9. 6842 - 4832	10. 4954 - 3894	11. 4448 - 3782	12. 8991 - 8214
13 8871 - 1377	14. 4350 - 2813	15. 7726 - 4180	16. 7305 - 6816	17. 4222 - 3255	18. 5022 - 1227
19. 8352 - 7114	20. 6541 - 1629	21. 4656 - 3808	22. 9780 - 7574	23. 3433 - 1188	24. 8956 - 8754
25. 9298 - 7885	26. 3231 - 1005	27. 8838 - 3808	28. 6234 - 5700	29. 8641 - 3259	30. 5400 - 1600
31. 9453 - 8213	32. 9579 - 6954	33. 5691 - 3461	34. 7146 - 2268	35. 9361 - 2038	36. 7795 - 4951
37. 2521 - 1388	38. 5151 - 1748	39. 5397 - 4183	40. 3766 - 2997	41. 5328 - 3821	42. 6819 - 1401
43. 9456 - 6187	44. 6807 - 5894	45. 8905 - 6765	46. 8504 - 4920	47. 4706 - 3303	48. 3220 - 2318
49. 7756 - 3440	50. 4265 - 1172	51. 5335 - 2022	52. 7961 - 7428	53. 9811 - 6578	54. 6894 - 2111
55. 7929 - 5924	56. 8653 - 2306	57. 5717 - 2309	58. 4121 - 3057	59. 8211 - 4503	60. 9509 - 6782

Multi Digits
1111-9999

Name: ____________________ Date: __________

Start Time: ______________ End Time: ______________

Score: ______
60

1. 7077 - 5115	2. 7708 - 7393	3. 5703 - 2165	4. 9210 - 4400	5. 4798 - 1584	6. 8239 - 2556
7. 9435 - 3647	8. 8648 - 8295	9. 9685 - 2526	10. 8863 - 1173	11. 9069 - 2849	12. 9446 - 7506
13 8174 - 6790	14. 5620 - 2484	15. 6555 - 5393	16. 9215 - 1083	17. 3260 - 1564	18. 8070 - 2994
19. 7896 - 7815	20. 7119 - 2022	21. 9853 - 5191	22. 6250 - 5193	23. 8998 - 5345	24. 4730 - 3342
25. 5303 - 3826	26. 5114 - 4667	27. 5435 - 1902	28. 3958 - 1561	29. 6243 - 2182	30. 8186 - 3088
31. 6571 - 3205	32. 9268 - 3323	33. 6536 - 6233	34. 3794 - 1565	35. 9735 - 6197	36. 1890 - 1451
37. 6912 - 5984	38. 4063 - 2528	39. 2625 - 2154	40. 8504 - 3654	41. 5851 - 1994	42. 9945 - 2126
43. 4424 - 2901	44. 3487 - 2988	45. 9866 - 8368	46. 9188 - 2036	47. 6679 - 2752	48. 8232 - 5540
49. 6725 - 6599	50. 7313 - 1078	51. 5576 - 3778	52. 2393 - 1872	53. 9660 - 7442	54. 4030 - 2759
55. 9263 - 6533	56. 2631 - 2338	57. 4571 - 2726	58. 9872 - 8783	59. 6422 - 3876	60. 7062 - 6542

Multi Digits

1111-9999

Name: ____________________ **Date:** __________

Start Time: ______________ **End Time:** ______________

Score: ______ / 60

1. 9378 - 7383	2. 4888 - 2062	3. 9341 - 5583	4. 6392 - 5596	5. 8432 - 8355	6. 9443 - 1260
7. 8572 - 1619	8. 8693 - 3174	9. 3051 - 1628	10. 6713 - 1076	11. 8905 - 5762	12. 5243 - 3121
13 8954 - 3179	14. 4874 - 1071	15. 7433 - 1105	16. 9945 - 5567	17. 9838 - 8813	18. 8152 - 5642
19. 6397 - 3961	20. 8269 - 1607	21. 8949 - 4045	22. 4119 - 2011	23. 8376 - 6095	24. 9194 - 5103
25. 7826 - 2624	26. 7970 - 1988	27. 5619 - 1685	28. 6373 - 2131	29. 3195 - 1780	30. 4583 - 1930
31. 9340 - 9261	32. 6978 - 4137	33. 5392 - 3338	34. 4489 - 1174	35. 7459 - 1594	36. 8351 - 7595
37. 2056 - 1903	38. 5604 - 2793	39. 4071 - 3434	40. 8096 - 1991	41. 3736 - 1244	42. 8677 - 7596
43. 9136 - 4439	44. 7384 - 2667	45. 6089 - 5270	46. 9369 - 8770	47. 8099 - 2028	48. 6239 - 5706
49. 9746 - 3828	50. 3206 - 2037	51. 6238 - 1622	52. 9584 - 4711	53. 7951 - 1153	54. 3863 - 2618
55. 3466 - 2033	56. 5151 - 2762	57. 8939 - 1324	58. 5994 - 4268	59. 7028 - 6222	60. 4102 - 1994

Name: ______________________ Date: ____________

Start Time: ______________ End Time: ______________

Score: ______
60

1. 9885 - 5208	2. 6355 - 3933	3. 7902 - 4289	4. 7473 - 5604	5. 7357 - 2755	6. 2787 - 2160
7. 4135 - 2917	8. 8564 - 5293	9. 5367 - 3070	10. 7908 - 2913	11. 9202 - 5538	12. 4484 - 1377
13 3306 - 3206	14. 5549 - 1524	15. 9526 - 5040	16. 4326 - 1025	17. 8123 - 1630	18. 9183 - 8815
19. 7897 - 4280	20. 6077 - 3631	21. 7340 - 4286	22. 7511 - 5586	23. 3878 - 2118	24. 3466 - 2556
25. 9782 - 4646	26. 9535 - 4314	27. 9342 - 1211	28. 5996 - 1350	29. 4310 - 3292	30. 4249 - 3558
31. 8769 - 6451	32. 6763 - 5809	33. 8432 - 6644	34. 6592 - 4423	35. 5007 - 4623	36. 9181 - 5016
37. 2750 - 1101	38. 6355 - 2593	39. 8398 - 7353	40. 8585 - 7550	41. 8407 - 4587	42. 7427 - 6878
43. 5576 - 3115	44. 8097 - 2985	45. 5822 - 5584	46. 8827 - 3159	47. 9482 - 1853	48. 9656 - 5636
49. 4784 - 3820	50. 8908 - 1753	51. 5009 - 2425	52. 7973 - 6528	53. 9561 - 1372	54. 4774 - 4381
55. 4741 - 1077	56. 8221 - 7924	57. 7384 - 2996	58. 4098 - 1565	59. 3734 - 3153	60. 9673 - 7012

Multi Digits

1111-9999

Name: ____________________ Date: __________

Start Time: ______________ End Time: ______________

Score: ______ / 60

1. 4227 - 2876	2. 5804 - 2648	3. 6492 - 3030	4. 6632 - 5160	5. 6269 - 3441	6. 5806 - 4591
7. 9749 - 5074	8. 9427 - 9119	9. 6644 - 1915	10. 2341 - 2026	11. 3924 - 3238	12. 6988 - 1639
13 6701 - 2529	14. 4116 - 4047	15. 8028 - 4965	16. 6903 - 5759	17. 7020 - 2012	18. 9916 - 8539
19. 8410 - 2303	20. 8193 - 3424	21. 9994 - 7055	22. 4871 - 3211	23. 4186 - 2869	24. 4247 - 1431
25. 9305 - 1243	26. 8045 - 2281	27. 8515 - 5017	28. 7750 - 4877	29. 4492 - 3939	30. 8390 - 1216
31. 4635 - 3457	32. 9565 - 4148	33. 9193 - 1995	34. 7152 - 5347	35. 9546 - 9042	36. 9206 - 9028
37. 7201 - 2910	38. 7058 - 2843	39. 4356 - 1798	40. 9500 - 6661	41. 5843 - 1319	42. 6261 - 6187
43. 4789 - 1928	44. 9172 - 6143	45. 6677 - 2801	46. 7078 - 2824	47. 7727 - 1636	48. 5970 - 1930
49. 7002 - 6443	50. 2464 - 1713	51. 3800 - 2075	52. 6957 - 4644	53. 7556 - 6213	54. 1604 - 1576
55. 7511 - 5918	56. 9549 - 6259	57. 4771 - 4467	58. 2390 - 1142	59. 8297 - 7362	60. 8849 - 1358

Multi Digits

1111-9999

Name: ______________________ **Date:** ____________

Start Time: ______________ **End Time:** ______________

Score: ______ / 60

1. 5431 - 5287	2. 8202 - 4285	3. 5017 - 4493	4. 9778 - 3060	5. 8121 - 7091	6. 2869 - 1506
7. 3928 - 2347	8. 9599 - 5999	9. 6766 - 1979	10. 5779 - 4369	11. 8316 - 3306	12. 6926 - 6840
13 9094 - 7661	14. 8442 - 6764	15. 8254 - 5940	16. 7110 - 4302	17. 9464 - 8010	18. 9730 - 8808
19. 9947 - 3412	20. 7042 - 2693	21. 6471 - 5119	22. 8120 - 5132	23. 3113 - 1258	24. 6279 - 1660
25. 9685 - 2818	26. 3358 - 1034	27. 8969 - 7453	28. 7314 - 6716	29. 3926 - 2141	30. 7508 - 7069
31. 3956 - 2736	32. 5418 - 2086	33. 7330 - 1927	34. 6085 - 1699	35. 8455 - 4961	36. 6927 - 2117
37. 8172 - 2197	38. 3856 - 3077	39. 8464 - 1767	40. 9170 - 5295	41. 7959 - 4059	42. 2713 - 1754
43. 6512 - 4841	44. 9521 - 1125	45. 7434 - 4718	46. 4028 - 2484	47. 7821 - 1754	48. 5351 - 4087
49. 4154 - 3932	50. 9911 - 9209	51. 6643 - 6642	52. 9729 - 4843	53. 4559 - 4106	54. 4398 - 1074
55. 7025 - 5835	56. 9066 - 1097	57. 4098 - 3728	58. 8845 - 3560	59. 4072 - 3071	60. 9482 - 6922

Multi Digits

1111-9999

Name: ____________________ Date: __________

Start Time: ______________ End Time: ______________

Score: ______ / 60

1. 6491 - 2665	2. 4894 - 4173	3. 7435 - 6518	4. 8780 - 8482	5. 7453 - 6501	6. 3298 - 1412
7. 8899 - 4669	8. 8651 - 4554	9. 7983 - 1975	10. 7329 - 2039	11. 4284 - 2106	12. 5184 - 3303
13 7740 - 5626	14. 8903 - 3535	15. 8554 - 5638	16. 7026 - 6937	17. 8297 - 5981	18. 9988 - 4907
19. 5804 - 1088	20. 9949 - 7729	21. 9466 - 9155	22. 9706 - 9661	23. 9212 - 7545	24. 9776 - 9392
25. 5865 - 5276	26. 9433 - 7574	27. 8697 - 7449	28. 6749 - 1477	29. 8326 - 8119	30. 9029 - 6663
31. 2355 - 1950	32. 3559 - 2748	33. 9819 - 1932	34. 9987 - 5422	35. 5092 - 2440	36. 8013 - 1724
37. 8362 - 7075	38. 3398 - 1102	39. 5573 - 2485	40. 8875 - 8555	41. 4147 - 3185	42. 9320 - 2524
43. 3974 - 1378	44. 9552 - 3309	45. 2335 - 1829	46. 9442 - 6251	47. 3681 - 1989	48. 5902 - 4864
49. 8396 - 4058	50. 6269 - 3344	51. 5233 - 4459	52. 6271 - 3967	53. 8107 - 3422	54. 9608 - 5454
55. 8560 - 3297	56. 7091 - 1775	57. 6546 - 5917	58. 4557 - 3939	59. 6263 - 2181	60. 5732 - 2648

Name: _____ **Date:** _____

Start Time: _____ **End Time:** _____

Score: _____

60

1.	2.	3.	4.	5.	6.
5205 - 4800	8966 - 4726	9273 - 2952	8046 - 2410	4487 - 4063	2368 - 2303

7.	8.	9.	10.	11.	12.
9804 - 5251	7878 - 2819	5349 - 2460	4443 - 2779	6917 - 3130	3187 - 2439

13	14.	15.	16.	17.	18.
7234 - 6163	6930 - 3943	7008 - 1907	7938 - 6013	4854 - 2508	8515 - 2621

19.	20.	21.	22.	23.	24.
9966 - 1805	9830 - 5475	5979 - 3942	8648 - 8303	9492 - 3740	6924 - 6126

25.	26.	27.	28.	29.	30.
9863 - 1586	5463 - 1351	4913 - 3237	7296 - 4475	8295 - 1050	3000 - 1994

31.	32.	33.	34.	35.	36.
9141 - 8180	9557 - 9191	6941 - 3357	9052 - 1430	6583 - 4249	9389 - 6264

37.	38.	39.	40.	41.	42.
1809 - 1274	9913 - 8504	7031 - 5865	9262 - 2294	9035 - 3123	7725 - 7471

43.	44.	45.	46.	47.	48.
8348 - 6160	7631 - 4755	5127 - 1657	5051 - 2978	9685 - 7696	5773 - 4540

49.	50.	51.	52.	53.	54.
6544 - 1801	5064 - 3126	8219 - 5907	9796 - 1021	9560 - 6980	3405 - 2181

55.	56.	57.	58.	59.	60.
5732 - 4951	6953 - 4473	8739 - 2875	6935 - 5744	4358 - 3640	8171 - 1637

Multi Digits
1111-9999

Name: ____________________ **Date:** __________

Start Time: ______________ **End Time:** ______________

Score: ______ / 60

1. 5339 - 5316	2. 3567 - 2807	3. 7276 - 4307	4. 8265 - 4867	5. 7629 - 6216	6. 7041 - 5414
7. 9535 - 7693	8. 7102 - 4036	9. 8795 - 3450	10. 3923 - 2148	11. 8516 - 6897	12. 5268 - 1534
13 9320 - 1228	14. 6750 - 6310	15. 7661 - 1530	16. 8795 - 8092	17. 6326 - 5139	18. 9988 - 6765
19. 8374 - 4414	20. 8340 - 6207	21. 8656 - 8453	22. 8617 - 6826	23. 9753 - 4884	24. 2885 - 2027
25. 4991 - 1996	26. 2394 - 1686	27. 6007 - 3734	28. 8922 - 8412	29. 8270 - 2439	30. 3624 - 1591
31. 6872 - 3428	32. 8505 - 5259	33. 7123 - 4692	34. 8810 - 4491	35. 8253 - 7096	36. 8803 - 2804
37. 5885 - 1946	38. 8159 - 4233	39. 7665 - 7240	40. 4879 - 4758	41. 7332 - 3974	42. 6037 - 5927
43. 7477 - 4573	44. 7249 - 6401	45. 7573 - 5952	46. 5396 - 2596	47. 5329 - 1426	48. 5084 - 4861
49. 7435 - 6365	50. 9507 - 2622	51. 9050 - 6637	52. 5634 - 3716	53. 8002 - 5921	54. 2543 - 2080
55. 6476 - 1180	56. 8691 - 4411	57. 7265 - 5603	58. 3399 - 3249	59. 9795 - 8151	60. 9374 - 2369

Name: ____________________ **Date:** __________

Start Time: ______________ **End Time:** ______________

Score: ______

60

1.	2.	3.	4.	5.	6.
5414	7253	7697	5855	6719	5933
- 3705	- 7147	- 6942	- 1405	- 6650	- 4137
7.	8.	9.	10.	11.	12.
7611	8621	8938	8142	8190	8973
- 7571	- 5845	- 7261	- 4419	- 3956	- 3335
13	14.	15.	16.	17.	18.
7716	5597	4275	9883	9241	9720
- 2991	- 2106	- 3851	- 8426	- 1260	- 2602
19.	20.	21.	22.	23.	24.
3813	5864	2860	8894	9085	4757
- 2053	- 3155	- 1465	- 6341	- 5260	- 1680
25.	26.	27.	28.	29.	30.
7058	5431	5196	3721	8315	6110
- 4589	- 1372	- 1287	- 2040	- 8265	- 4980
31.	32.	33.	34.	35.	36.
7017	9382	8213	9311	9889	6992
- 2366	- 7873	- 7589	- 3478	- 2300	- 3850
37.	38.	39.	40.	41.	42.
7271	8085	5108	9950	5419	5577
- 3454	- 1661	- 3813	- 3366	- 5270	- 2165
43.	44.	45.	46.	47.	48.
3233	8770	9057	3519	6730	9749
- 1352	- 1033	- 4019	- 3205	- 2851	- 6018
49.	50.	51.	52.	53.	54.
6471	6442	5779	8050	7847	8446
- 3359	- 3808	- 3078	- 4796	- 7465	- 7962
55.	56.	57.	58.	59.	60.
7801	9197	9897	8436	6229	8130
- 3944	- 4976	- 7997	- 6961	- 1837	- 5934

Name: ______________________ **Date:** ____________

Start Time: ______________ **End Time:** ______________

Score: ______ / 60

1. 9371 - 1562	2. 7084 - 1314	3. 5062 - 3172	4. 6799 - 3971	5. 9260 - 2354	6. 8941 - 6539
7. 6533 - 3258	8. 6733 - 5608	9. 9066 - 5656	10. 8801 - 2133	11. 9695 - 8454	12. 8369 - 6184
13 6884 - 1497	14. 9716 - 2859	15. 7094 - 5726	16. 8332 - 8167	17. 4057 - 2173	18. 4104 - 2363
19. 7546 - 3628	20. 6312 - 3628	21. 8507 - 2106	22. 7066 - 5428	23. 9384 - 2016	24. 9813 - 3513
25. 7228 - 4162	26. 6114 - 5963	27. 5325 - 4484	28. 8949 - 2814	29. 2545 - 1709	30. 5913 - 2861
31. 5748 - 5452	32. 9074 - 2923	33. 7545 - 5126	34. 7754 - 3630	35. 9967 - 1861	36. 8906 - 5902
37. 9000 - 2089	38. 7319 - 4513	39. 5750 - 1824	40. 7366 - 5222	41. 8804 - 8480	42. 8258 - 4242
43. 4689 - 3152	44. 5045 - 1766	45. 5550 - 3887	46. 9472 - 1160	47. 8557 - 3828	48. 7549 - 2965
49. 6133 - 2715	50. 9046 - 2297	51. 8426 - 7117	52. 6846 - 3938	53. 8562 - 1266	54. 8393 - 5039
55. 7202 - 5615	56. 9068 - 4573	57. 6244 - 5038	58. 2802 - 1826	59. 9728 - 1636	60. 9347 - 7035

Multi Digits

1111-9999

Name: ____________________ **Date:** __________

Start Time: ______________ **End Time:** ______________

Score: ______ / 60

1. 7061 - 6135	2. 7935 - 7862	3. 7452 - 2747	4. 9186 - 8483	5. 2497 - 1794	6. 6516 - 3194
7. 9164 - 5723	8. 5885 - 2488	9. 6173 - 2631	10. 5749 - 2768	11. 6687 - 5978	12. 9155 - 5473
13 9574 - 2988	14. 8376 - 4283	15. 1144 - 1081	16. 6645 - 1284	17. 2741 - 1748	18. 7363 - 7109
19. 9980 - 7348	20. 9638 - 9118	21. 4769 - 4232	22. 4163 - 1754	23. 8796 - 6941	24. 8796 - 5798
25. 7040 - 1900	26. 5858 - 3367	27. 7292 - 4338	28. 8677 - 5460	29. 9307 - 3203	30. 9497 - 7258
31. 5329 - 5191	32. 8348 - 6199	33. 7623 - 6477	34. 6431 - 5933	35. 8032 - 6705	36. 9755 - 3329
37. 2960 - 2632	38. 7903 - 7455	39. 8943 - 2951	40. 8964 - 5564	41. 3134 - 2846	42. 9034 - 8342
43. 7694 - 6828	44. 7278 - 4734	45. 5493 - 2990	46. 8408 - 2962	47. 8802 - 7468	48. 1548 - 1378
49. 9843 - 3817	50. 8733 - 3255	51. 4676 - 3172	52. 6438 - 5356	53. 9978 - 4216	54. 7498 - 1478
55. 4863 - 3507	56. 8070 - 6602	57. 7355 - 7141	58. 4761 - 3228	59. 8769 - 4042	60. 4093 - 3130

Name: _____ **Date:** _____

Start Time: _____ **End Time:** _____

Score: _____

60

1.	2.	3.	4.	5.	6.
4565 - 2836	9106 - 3873	1684 - 1545	9415 - 5010	7069 - 6139	6159 - 4307
7.	8.	9.	10.	11.	12.
5733 - 5568	5309 - 3612	9228 - 6340	9029 - 7662	4059 - 1217	7073 - 3145
13	14.	15.	16.	17.	18.
7084 - 7009	4632 - 3890	9942 - 9931	7691 - 6364	2691 - 2249	3949 - 1245
19.	20.	21.	22.	23.	24.
8308 - 6224	4341 - 1047	8549 - 5359	2670 - 2519	9905 - 1994	6014 - 5428
25.	26.	27.	28.	29.	30.
7579 - 6420	4263 - 3498	4207 - 2692	4511 - 1321	3228 - 2935	9503 - 9086
31.	32.	33.	34.	35.	36.
6639 - 5422	3713 - 2929	6595 - 6582	7989 - 6529	7234 - 6274	7826 - 5285
37.	38.	39.	40.	41.	42.
8240 - 3879	8375 - 8027	9479 - 8747	4132 - 2192	9702 - 6127	7341 - 4163
43.	44.	45.	46.	47.	48.
6460 - 1194	5047 - 4609	4930 - 1730	9861 - 6361	5879 - 2018	6119 - 1157
49.	50.	51.	52.	53.	54.
8801 - 8153	5618 - 5238	5225 - 1535	5977 - 5681	7265 - 2591	8752 - 4454
55.	56.	57.	58.	59.	60.
9451 - 9016	3631 - 1244	8030 - 8004	7916 - 1085	6727 - 3989	9362 - 5141

Name: ____________________ **Date:** __________

Start Time: ______________ **End Time:** ______________

Score: ______ / 60

1. 6920 - 6065	2. 4501 - 3714	3. 9492 - 7887	4. 8262 - 4602	5. 6257 - 1033	6. 9665 - 8760
7. 7522 - 3762	8. 8320 - 5457	9. 8520 - 7173	10. 8845 - 1667	11. 7281 - 5648	12. 7685 - 5393
13 4458 - 1281	14. 2848 - 1751	15. 5088 - 2611	16. 3577 - 1626	17. 9884 - 2354	18. 7994 - 2380
19. 6191 - 1552	20. 7910 - 3552	21. 6811 - 4275	22. 9149 - 8505	23. 4584 - 2057	24. 9917 - 2894
25. 5375 - 5026	26. 7508 - 2466	27. 2521 - 2273	28. 2886 - 1141	29. 7033 - 6516	30. 6795 - 3478
31. 4818 - 3043	32. 6389 - 2022	33. 8157 - 7098	34. 9723 - 3390	35. 4736 - 1431	36. 5120 - 4246
37. 6981 - 5084	38. 4759 - 3504	39. 8190 - 7184	40. 3505 - 2972	41. 6156 - 3742	42. 9448 - 3803
43. 9918 - 4486	44. 8795 - 6167	45. 1911 - 1509	46. 7792 - 5799	47. 3445 - 1057	48. 6973 - 4877
49. 9296 - 3426	50. 3097 - 2251	51. 6983 - 1666	52. 5253 - 2283	53. 8226 - 6761	54. 4921 - 2997
55. 8959 - 2374	56. 8316 - 1729	57. 7784 - 3895	58. 3419 - 1060	59. 8389 - 7211	60. 9770 - 8232

Multi Digits
1111-9999

Name: ____________________ **Date:** ____________

Start Time: ______________ **End Time:** ______________

Score: ______
60

1. 4275 - 3029	2. 7179 - 1752	3. 7651 - 1510	4. 7442 - 1819	5. 4425 - 4155	6. 4599 - 2556
7. 7989 - 1399	8. 9012 - 6113	9. 4997 - 2335	10. 7249 - 1996	11. 5769 - 3105	12. 6717 - 3734
13 5049 - 2940	14. 4792 - 1917	15. 9614 - 4621	16. 6792 - 6682	17. 3116 - 2194	18. 2640 - 2148
19. 9225 - 8052	20. 8728 - 3424	21. 8134 - 4368	22. 8033 - 5138	23. 9938 - 9636	24. 4792 - 3321
25. 6643 - 1018	26. 2762 - 2625	27. 9373 - 4621	28. 7666 - 4032	29. 2330 - 2279	30. 4316 - 1864
31. 9076 - 6143	32. 1961 - 1267	33. 3523 - 2661	34. 5600 - 4311	35. 9975 - 9739	36. 6802 - 6418
37. 9458 - 2747	38. 9945 - 3315	39. 9457 - 3275	40. 7733 - 6632	41. 4124 - 1718	42. 6104 - 4032
43. 8212 - 3001	44. 6016 - 2394	45. 8850 - 7151	46. 7713 - 6887	47. 8086 - 7507	48. 8855 - 1061
49. 6912 - 6426	50. 9100 - 8509	51. 6643 - 1424	52. 9676 - 7495	53. 5725 - 4363	54. 9117 - 4016
55. 4692 - 1343	56. 9028 - 4265	57. 1553 - 1449	58. 9572 - 4211	59. 3708 - 2738	60. 7027 - 6128

Name: ____________________ **Date:** ____________

Start Time: ______________ **End Time:** ______________

Score: ______
60

1. 8124 - 2862	2. 6562 - 4962	3. 7096 - 5737	4. 6124 - 5602	5. 8385 - 2753	6. 9204 - 2500
7. 9342 - 7146	8. 3267 - 1025	9. 7763 - 6637	10. 9821 - 4912	11. 5452 - 2588	12. 7996 - 7177
13 4794 - 3650	14. 1926 - 1723	15. 4024 - 1647	16. 9211 - 6705	17. 8834 - 1651	18. 8268 - 3430
19. 8823 - 5860	20. 9442 - 3124	21. 8129 - 6325	22. 4987 - 2361	23. 4945 - 3735	24. 7775 - 5755
25. 4099 - 3077	26. 7559 - 4215	27. 9938 - 4864	28. 7609 - 1460	29. 9192 - 8944	30. 9678 - 2347
31. 8799 - 2270	32. 8732 - 1408	33. 5164 - 4847	34. 8419 - 1876	35. 6923 - 2260	36. 8498 - 6125
37. 9480 - 6659	38. 5900 - 1150	39. 2966 - 1909	40. 2091 - 1788	41. 5256 - 4537	42. 7632 - 4308
43. 5647 - 3818	44. 9520 - 7543	45. 5052 - 4660	46. 8543 - 5884	47. 6974 - 2569	48. 4196 - 2049
49. 8801 - 6535	50. 3381 - 2818	51. 6271 - 5757	52. 7242 - 5972	53. 6292 - 2235	54. 7437 - 6398
55. 6992 - 2169	56. 8796 - 3221	57. 5898 - 4321	58. 7185 - 1851	59. 3679 - 2766	60. 8752 - 2500

Multi Digits
1111-9999

Name: ____________________ Date: ____________

Start Time: ______________ End Time: ______________

Score: ______ / 60

1. 7554 - 1508	2. 8378 - 3758	3. 6374 - 4009	4. 5399 - 4962	5. 8581 - 2034	6. 7176 - 6065
7. 9082 - 1998	8. 4410 - 2525	9. 9925 - 4975	10. 5516 - 3902	11. 6869 - 6737	12. 8761 - 5867
13 8653 - 6498	14. 6309 - 5620	15. 8968 - 7223	16. 8484 - 5649	17. 7614 - 3219	18. 8996 - 6830
19. 6016 - 5641	20. 7379 - 2922	21. 6367 - 2654	22. 6980 - 5237	23. 8898 - 5534	24. 8225 - 7515
25. 8061 - 3381	26. 8225 - 1904	27. 6068 - 3121	28. 9223 - 3220	29. 3322 - 3053	30. 9057 - 7038
31. 2124 - 1579	32. 9595 - 4654	33. 6615 - 3443	34. 8929 - 6878	35. 3136 - 2292	36. 8929 - 2883
37. 7111 - 2485	38. 4299 - 2582	39. 9971 - 2535	40. 6771 - 5321	41. 9370 - 7238	42. 9759 - 3786
43. 5072 - 3348	44. 8341 - 1299	45. 6947 - 1212	46. 9057 - 7111	47. 7474 - 1327	48. 9508 - 2601
49. 1932 - 1898	50. 8173 - 6716	51. 6330 - 2371	52. 7237 - 3970	53. 6194 - 3252	54. 9801 - 1399
55. 6258 - 4124	56. 7503 - 6713	57. 8306 - 6827	58. 9093 - 4664	59. 8190 - 1431	60. 6076 - 5711

Multi Digits

1111-9999

Name: ______________________ **Date:** ____________

Start Time: ________________ **End Time:** ________________

Score: _______ / 60

1. 8922 - 3152	2. 8924 - 7557	3. 7175 - 3712	4. 8314 - 5417	5. 7871 - 3823	6. 8138 - 7639
7. 3910 - 1870	8. 6754 - 2182	9. 4215 - 3681	10. 4815 - 3496	11. 7515 - 3311	12. 9589 - 7282
13 2353 - 1129	14. 6568 - 5031	15. 2528 - 1258	16. 7914 - 5549	17. 7802 - 1162	18. 9808 - 6207
19. 6386 - 1318	20. 2193 - 1499	21. 8323 - 7494	22. 8843 - 6170	23. 6094 - 2173	24. 7658 - 4480
25. 4673 - 3783	26. 4175 - 3384	27. 6504 - 1138	28. 6504 - 1262	29. 5950 - 1508	30. 9051 - 8739
31. 7004 - 2435	32. 3671 - 3551	33. 8102 - 3994	34. 4413 - 3361	35. 4018 - 2703	36. 4532 - 2761
37. 9543 - 1082	38. 2828 - 2481	39. 7677 - 6128	40. 7146 - 6084	41. 8127 - 2183	42. 8336 - 7417
43. 4375 - 3368	44. 6983 - 5828	45. 9354 - 3575	46. 9546 - 1689	47. 7999 - 3258	48. 4404 - 3157
49. 9661 - 5153	50. 4702 - 4403	51. 9107 - 1810	52. 6115 - 2119	53. 8510 - 5822	54. 4549 - 2470
55. 7084 - 3311	56. 7883 - 1286	57. 5318 - 2558	58. 4361 - 3610	59. 8823 - 8082	60. 4113 - 2940

Name: _____ **Date:** _____

Start Time: _____ **End Time:** _____

Score: _____

60

1.	2.	3.	4.	5.	6.
7882 - 3404	9337 - 5510	8270 - 5907	7549 - 4032	3178 - 1118	8853 - 3812
7.	8.	9.	10.	11.	12.
7924 - 4539	9479 - 1896	5557 - 4141	4307 - 1421	6802 - 4418	1984 - 1263
13	14.	15.	16.	17.	18.
3983 - 2433	9084 - 1619	5211 - 4278	5931 - 2974	9366 - 7493	9095 - 3638
19.	20.	21.	22.	23.	24.
9394 - 2333	9480 - 1948	4451 - 1219	1927 - 1132	9878 - 6313	9967 - 5504
25.	26.	27.	28.	29.	30.
7093 - 2196	4508 - 1860	9010 - 2964	8113 - 8069	6256 - 3092	7767 - 1816
31.	32.	33.	34.	35.	36.
8659 - 4370	9802 - 1396	2645 - 2553	2986 - 1698	8469 - 3130	5277 - 3464
37.	38.	39.	40.	41.	42.
5844 - 4086	6959 - 6272	6988 - 1413	4532 - 2200	8362 - 7370	9068 - 1377
43.	44.	45.	46.	47.	48.
9018 - 3283	4608 - 2590	4141 - 2402	7952 - 4917	8080 - 2578	5538 - 4525
49.	50.	51.	52.	53.	54.
5696 - 2289	8203 - 1487	3445 - 1360	8770 - 2575	6552 - 5545	9637 - 7792
55.	56.	57.	58.	59.	60.
5800 - 2758	5386 - 1239	8104 - 7336	9670 - 2640	9446 - 3207	9494 - 2799

Multi Digits
1111-9999

Name: ______________________ **Date:** ____________

Start Time: ______________ **End Time:** ______________

Score: ______ / 60

1. 8779 - 6488	2. 6536 - 4591	3. 8573 - 3840	4. 7925 - 1378	5. 3790 - 2021	6. 6702 - 5108
7. 9230 - 3927	8. 3515 - 1488	9. 9934 - 2931	10. 8640 - 2501	11. 5053 - 2368	12. 9041 - 8017
13 9269 - 6221	14. 3539 - 2575	15. 9869 - 2753	16. 3919 - 1886	17. 3158 - 2028	18. 9508 - 7118
19. 4978 - 3092	20. 6968 - 1833	21. 7618 - 1149	22. 7725 - 6961	23. 7817 - 3906	24. 8997 - 6709
25. 8442 - 7755	26. 9362 - 7556	27. 6863 - 4389	28. 3073 - 1596	29. 2537 - 2128	30. 8740 - 7449
31. 2220 - 1578	32. 7123 - 6709	33. 9469 - 2331	34. 4930 - 1861	35. 6515 - 1109	36. 6951 - 1977
37. 6543 - 5743	38. 6259 - 2023	39. 6061 - 5453	40. 6416 - 3351	41. 5457 - 3228	42. 5865 - 5646
43. 3479 - 2634	44. 8202 - 6957	45. 7309 - 3416	46. 6497 - 2475	47. 9755 - 5987	48. 7098 - 5058
49. 9133 - 7403	50. 1756 - 1285	51. 7732 - 2730	52. 3712 - 1811	53. 5924 - 2642	54. 8005 - 7913
55. 6939 - 1054	56. 7423 - 6598	57. 7748 - 2107	58. 7792 - 7541	59. 9807 - 9626	60. 2223 - 1578

Multi Digits

1111-9999

Name: ______________________ **Date:** ____________

Start Time: ______________ **End Time:** ______________

Score: ______ / 60

1. 9775 - 3399	2. 5089 - 4378	3. 9782 - 9197	4. 7428 - 1867	5. 9440 - 1330	6. 8953 - 8658
7. 6705 - 1060	8. 7199 - 5684	9. 2911 - 1117	10. 5296 - 1078	11. 6099 - 2498	12. 9082 - 2809
13 5972 - 5340	14. 8088 - 3944	15. 5843 - 2796	16. 8157 - 3045	17. 2967 - 1862	18. 9128 - 7736
19. 8124 - 5150	20. 2251 - 2065	21. 6823 - 4274	22. 9963 - 3352	23. 7546 - 3112	24. 9311 - 2167
25. 7893 - 3304	26. 8258 - 2525	27. 7439 - 6750	28. 5622 - 4439	29. 9207 - 4544	30. 2586 - 1927
31. 8904 - 4800	32. 9340 - 2295	33. 5369 - 5200	34. 6709 - 2653	35. 5384 - 4873	36. 5897 - 5754
37. 7447 - 3892	38. 5914 - 3385	39. 8196 - 3554	40. 4857 - 2895	41. 6480 - 3445	42. 6312 - 3582
43. 9520 - 7816	44. 4430 - 2956	45. 5670 - 1221	46. 9131 - 1142	47. 5414 - 2836	48. 4897 - 3513
49. 5545 - 1017	50. 9742 - 2674	51. 6891 - 4420	52. 3619 - 1890	53. 7637 - 1796	54. 6046 - 4300
55. 7342 - 7312	56. 6667 - 1652	57. 7005 - 4128	58. 9823 - 5902	59. 6141 - 3925	60. 7876 - 2010

Name: _____ **Date:** _____

Start Time: _____ **End Time:** _____

Score: _____

60

1.	2.	3.	4.	5.	6.
6342 − 4742	6054 − 5814	7837 − 7089	8828 − 8102	5518 − 2972	7026 − 5868
7.	8.	9.	10.	11.	12.
6238 − 5026	7728 − 5645	3379 − 1984	7754 − 4645	1786 − 1047	9961 − 7008
13	14.	15.	16.	17.	18.
8212 − 4634	7347 − 7299	7975 − 2222	9059 − 5888	5849 − 1843	9945 − 5637
19.	20.	21.	22.	23.	24.
7859 − 2407	9595 − 9190	5074 − 3229	3795 − 2184	5878 − 5017	9812 − 4597
25.	26.	27.	28.	29.	30.
8368 − 6812	8142 − 3910	3913 − 3828	6719 − 3660	7377 − 7100	3239 − 2222
31.	32.	33.	34.	35.	36.
5864 − 2255	9565 − 6469	9539 − 1509	8744 − 3843	8723 − 8151	7578 − 3203
37.	38.	39.	40.	41.	42.
9717 − 3327	9445 − 5841	7394 − 1880	4146 − 3114	4236 − 1343	6538 − 3769
43.	44.	45.	46.	47.	48.
9929 − 7419	6002 − 4469	5911 − 4910	5786 − 5356	6612 − 3202	8287 − 1437
49.	50.	51.	52.	53.	54.
6558 − 5501	3899 − 2255	6947 − 5299	6099 − 1579	9198 − 2473	7348 − 5569
55.	56.	57.	58.	59.	60.
9395 − 1065	3675 − 2308	7667 − 3690	5138 − 2733	6517 − 5179	5697 − 5110

Multi Digits

1111-9999

Name: ______________________ Date: ____________

Start Time: ______________ End Time: ______________

Score: ______ / 60

1. 9606 - 2849	2. 9457 - 5766	3. 2512 - 1313	4. 6488 - 1198	5. 7295 - 3761	6. 6028 - 2156
7. 7572 - 2233	8. 1844 - 1041	9. 6544 - 4873	10. 8414 - 6734	11. 9740 - 8854	12. 9334 - 7423
13 5152 - 3979	14. 9514 - 2676	15. 7024 - 5615	16. 7353 - 4293	17. 5679 - 3099	18. 8415 - 3027
19. 3671 - 1464	20. 8628 - 6793	21. 7590 - 7281	22. 9973 - 9264	23. 8997 - 5859	24. 4142 - 1554
25. 8240 - 4785	26. 7913 - 2708	27. 3381 - 3344	28. 7956 - 2575	29. 2899 - 1701	30. 9258 - 1321
31. 6443 - 4973	32. 5941 - 3783	33. 3302 - 2824	34. 8782 - 8627	35. 6371 - 3220	36. 6365 - 5463
37. 7971 - 1629	38. 9784 - 6298	39. 9213 - 2651	40. 7607 - 2458	41. 6361 - 2199	42. 8213 - 5885
43. 6608 - 2203	44. 4108 - 3711	45. 8377 - 7357	46. 1248 - 1240	47. 5634 - 1077	48. 6092 - 1166
49. 7352 - 7298	50. 6038 - 1147	51. 8738 - 3770	52. 8173 - 1872	53. 9124 - 3125	54. 9117 - 2887
55. 7603 - 6645	56. 6052 - 1812	57. 8382 - 6819	58. 5177 - 2699	59. 9168 - 3386	60. 5380 - 3651

Name: _____ **Date:** _____

Start Time: _____ **End Time:** _____

Score: _____

60

1.	2.	3.	4.	5.	6.
4032 - 2562	5295 - 2134	6671 - 5113	4387 - 2634	2895 - 2666	7271 - 5281
7.	8.	9.	10.	11.	12.
6280 - 5146	8266 - 2235	8686 - 7255	7520 - 6018	4426 - 1308	6506 - 3737
13	14.	15.	16.	17.	18.
8068 - 3290	9520 - 1874	2680 - 1098	6386 - 4966	9891 - 4585	5094 - 3950
19.	20.	21.	22.	23.	24.
9352 - 4252	3898 - 2522	5102 - 3875	7928 - 2259	8515 - 3757	8263 - 1679
25.	26.	27.	28.	29.	30.
8321 - 5479	5335 - 2761	8852 - 5665	9544 - 2164	5339 - 3517	8066 - 3842
31.	32.	33.	34.	35.	36.
4441 - 4127	4876 - 2809	9365 - 6214	9707 - 5125	8920 - 1896	5485 - 1715
37.	38.	39.	40.	41.	42.
2955 - 1654	3917 - 3470	3985 - 3637	6453 - 4402	7264 - 4541	7292 - 2436
43.	44.	45.	46.	47.	48.
4132 - 1632	6118 - 3440	8676 - 6481	8331 - 5915	1076 - 1035	5563 - 5097
49.	50.	51.	52.	53.	54.
3715 - 3338	4416 - 3975	9163 - 2090	7061 - 6420	8357 - 7135	8706 - 1295
55.	56.	57.	58.	59.	60.
9622 - 4632	5801 - 1397	5769 - 3892	7253 - 6956	7052 - 2038	6340 - 3268

Multi Digits

1111-9999

Name: ______________________ **Date:** ____________

Start Time: ________________ **End Time:** ________________

Score: _______ / 60

1. 6465 - 5507	2. 6748 - 5044	3. 2649 - 1414	4. 8441 - 4464	5. 3647 - 1604	6. 5321 - 2739
7. 8407 - 2302	8. 6584 - 2651	9. 2720 - 1262	10. 9445 - 4553	11. 8639 - 3088	12. 5086 - 4523
13 3559 - 1737	14. 5494 - 1997	15. 4589 - 3206	16. 3068 - 2909	17. 6969 - 2286	18. 5105 - 1614
19. 9635 - 2034	20. 3399 - 2338	21. 6876 - 4662	22. 9090 - 1890	23. 9026 - 4754	24. 8735 - 6812
25. 3657 - 1731	26. 6382 - 4682	27. 1633 - 1467	28. 6043 - 3486	29. 8265 - 3594	30. 6870 - 6709
31. 9931 - 1696	32. 7134 - 1163	33. 4130 - 3032	34. 7146 - 3444	35. 9162 - 1695	36. 1854 - 1729
37. 9357 - 5767	38. 8964 - 2309	39. 2625 - 1878	40. 6827 - 3955	41. 2508 - 2168	42. 9556 - 6670
43. 5410 - 5378	44. 1979 - 1670	45. 4544 - 4385	46. 9963 - 8400	47. 5980 - 1886	48. 4896 - 1838
49. 8840 - 1795	50. 7478 - 1493	51. 8410 - 6351	52. 4284 - 3220	53. 2879 - 1020	54. 5022 - 4597
55. 9980 - 1519	56. 9747 - 5802	57. 8127 - 6119	58. 8196 - 2807	59. 8284 - 7134	60. 3698 - 2177

Multi Digits
1111-9999

Name: ____________________ Date: __________

Start Time: ______________ End Time: ______________

Score: ______
60

1. 6405 - 1289	2. 1537 - 1216	3. 5931 - 1616	4. 7954 - 4248	5. 9401 - 3387	6. 8964 - 3287
7. 6733 - 5869	8. 6650 - 3938	9. 3172 - 1409	10. 6273 - 2181	11. 5597 - 3223	12. 6028 - 5410
13 8751 - 8401	14. 8122 - 7265	15. 9573 - 2602	16. 7001 - 4949	17. 7367 - 4809	18. 8450 - 7433
19. 6453 - 5047	20. 5233 - 1314	21. 7866 - 1882	22. 9663 - 6404	23. 9311 - 1988	24. 3751 - 3474
25. 6329 - 1758	26. 6226 - 5094	27. 8156 - 6319	28. 6174 - 1150	29. 5696 - 4527	30. 5427 - 2426
31. 8691 - 6816	32. 6692 - 3575	33. 9327 - 8176	34. 6176 - 6091	35. 9103 - 2062	36. 6737 - 1008
37. 6854 - 6070	38. 7110 - 6639	39. 5416 - 2266	40. 9617 - 8353	41. 8101 - 6018	42. 5212 - 3266
43. 8572 - 8170	44. 4471 - 2225	45. 8699 - 2123	46. 8284 - 6116	47. 9140 - 4901	48. 5246 - 1839
49. 8468 - 6809	50. 9807 - 2765	51. 7722 - 2050	52. 6292 - 3934	53. 4843 - 2541	54. 5386 - 2444
55. 5368 - 4612	56. 7279 - 6476	57. 3103 - 2498	58. 9393 - 6383	59. 7395 - 1322	60. 6248 - 2431

Name: _____ **Date:** _____

Start Time: _____ **End Time:** _____

Score: _____

60

1.	2.	3.	4.	5.	6.
5270 - 4580	5094 - 3890	5531 - 2631	9461 - 3165	7576 - 4884	9253 - 1198
7.	8.	9.	10.	11.	12.
8422 - 6724	6693 - 1632	9194 - 2914	9359 - 1573	9603 - 4170	6772 - 1303
13	14.	15.	16.	17.	18.
2950 - 2869	8981 - 6464	6712 - 5381	8965 - 8600	3523 - 1479	9996 - 1449
19.	20.	21.	22.	23.	24.
4947 - 2035	4808 - 1413	1367 - 1327	7597 - 1393	9513 - 3940	6198 - 2208
25.	26.	27.	28.	29.	30.
9726 - 3691	5662 - 5262	7594 - 5705	6204 - 4600	7828 - 6510	6862 - 1084
31.	32.	33.	34.	35.	36.
8858 - 7669	3370 - 3136	9104 - 5462	7993 - 2184	6344 - 4234	7370 - 1743
37.	38.	39.	40.	41.	42.
7822 - 3567	5182 - 1425	2686 - 1535	8518 - 5159	3197 - 3167	5534 - 2031
43.	44.	45.	46.	47.	48.
5226 - 2329	8899 - 6613	9774 - 9368	9566 - 2116	5295 - 4675	9366 - 7084
49.	50.	51.	52.	53.	54.
9594 - 5233	2613 - 1494	7487 - 2301	9154 - 4730	9063 - 5348	6751 - 3248
55.	56.	57.	58.	59.	60.
8381 - 1588	9918 - 8464	6212 - 5231	6931 - 6011	8684 - 6044	6142 - 6088

Multi Digits

1111-9999

Name: ____________________ **Date:** ____________

Start Time: ______________ **End Time:** ______________

Score: ______ / 60

1. 5633 - 4995	2. 7716 - 2073	3. 9955 - 7829	4. 3364 - 1992	5. 7521 - 4457	6. 8273 - 3951
7. 9023 - 6910	8. 6583 - 3789	9. 9236 - 1601	10. 9827 - 8245	11. 5350 - 1796	12. 9279 - 6266
13 7686 - 2071	14. 6282 - 4432	15. 2992 - 2175	16. 9074 - 6493	17. 9103 - 3462	18. 7685 - 1361
19. 7059 - 6156	20. 4880 - 2514	21. 6933 - 1099	22. 2484 - 2045	23. 8392 - 5102	24. 6935 - 1950
25. 8939 - 3954	26. 8101 - 5529	27. 9297 - 5211	28. 8559 - 1033	29. 9099 - 5107	30. 9181 - 1915
31. 1533 - 1176	32. 8776 - 5042	33. 7599 - 6898	34. 5100 - 4641	35. 7225 - 6710	36. 5692 - 3824
37. 2126 - 1273	38. 9149 - 3816	39. 5033 - 4267	40. 1893 - 1555	41. 9480 - 6050	42. 7538 - 5803
43. 5298 - 1213	44. 4192 - 3948	45. 3678 - 1859	46. 4947 - 1840	47. 9427 - 5590	48. 6893 - 2349
49. 9735 - 9228	50. 5651 - 4860	51. 7771 - 1680	52. 3287 - 1702	53. 7157 - 4298	54. 8577 - 6976
55. 9935 - 4531	56. 8377 - 8028	57. 6881 - 3486	58. 9815 - 5635	59. 8343 - 5138	60. 6813 - 1819

Multi Digits
1111-9999

Name: ____________________ Date: __________

Start Time: ______________ End Time: ______________

Score: ______
60

1. 8167 - 6313	2. 3350 - 3210	3. 3219 - 3206	4. 6369 - 2638	5. 7067 - 6014	6. 8387 - 3000
7. 1504 - 1467	8. 3772 - 3682	9. 9768 - 3850	10. 8076 - 2874	11. 4445 - 3769	12. 3988 - 2975
13 6035 - 1938	14. 8117 - 7484	15. 8012 - 1617	16. 7346 - 1651	17. 9014 - 3215	18. 3794 - 1054
19. 3036 - 1473	20. 9316 - 1865	21. 5533 - 1120	22. 3321 - 3163	23. 7379 - 2296	24. 4845 - 4402
25. 8247 - 5861	26. 5317 - 2349	27. 8183 - 7606	28. 7816 - 1496	29. 7871 - 1825	30. 4681 - 1356
31. 8813 - 2493	32. 4666 - 2942	33. 9158 - 5294	34. 7376 - 4725	35. 6880 - 4214	36. 4976 - 4081
37. 2584 - 2389	38. 9250 - 1705	39. 7137 - 2634	40. 9648 - 7390	41. 9296 - 8267	42. 8838 - 6816
43. 8208 - 3206	44. 6795 - 5400	45. 4104 - 1043	46. 3843 - 1995	47. 9367 - 6605	48. 3091 - 2390
49. 6478 - 6249	50. 8451 - 8237	51. 5218 - 2825	52. 7120 - 5862	53. 5302 - 4593	54. 8404 - 1684
55. 7405 - 5471	56. 7864 - 4047	57. 8794 - 5857	58. 8184 - 2912	59. 5585 - 5097	60. 8251 - 4469

Multi Digits
1111-9999

Name: ______________________ **Date:** ____________

Start Time: ______________ **End Time:** ______________

Score: ______
60

1. 7046 - 6655	2. 7249 - 5184	3. 8685 - 6653	4. 3231 - 2238	5. 8509 - 4459	6. 7098 - 3454
7. 8837 - 2667	8. 4122 - 1896	9. 7826 - 4384	10. 4449 - 2653	11. 5574 - 1460	12. 9214 - 5716
13 7328 - 2201	14. 9583 - 8550	15. 7195 - 2060	16. 8466 - 1928	17. 3796 - 3173	18. 6324 - 4224
19. 7996 - 2291	20. 2410 - 1049	21. 7579 - 1772	22. 4257 - 4164	23. 7611 - 2772	24. 5045 - 4384
25. 7957 - 3130	26. 6817 - 4913	27. 6415 - 1158	28. 3700 - 2510	29. 1554 - 1286	30. 7617 - 2457
31. 8485 - 2248	32. 7274 - 4787	33. 4631 - 1480	34. 5774 - 1238	35. 5864 - 1197	36. 4048 - 2466
37. 6923 - 1142	38. 8902 - 5720	39. 5892 - 5745	40. 9191 - 2104	41. 8114 - 5111	42. 6186 - 3478
43. 8721 - 4807	44. 4734 - 2870	45. 9297 - 7098	46. 5373 - 5115	47. 6798 - 5692	48. 5367 - 4334
49. 8854 - 2045	50. 9762 - 7486	51. 8215 - 5245	52. 6771 - 1737	53. 7027 - 3289	54. 7199 - 3586
55. 1558 - 1237	56. 6519 - 6403	57. 9745 - 4521	58. 5118 - 4533	59. 5532 - 3776	60. 9664 - 9517

Multi Digits

1111-9999

Name: ______________________ Date: __________

Start Time: ______________ End Time: ______________

Score: ______ / 60

1. 9166 - 4061	2. 7183 - 1962	3. 2327 - 1900	4. 6403 - 1611	5. 5207 - 1854	6. 9805 - 8646
7. 8746 - 4482	8. 8990 - 5255	9. 8735 - 3371	10. 2764 - 1429	11. 9957 - 2795	12. 6466 - 2044
13 5296 - 4180	14. 8328 - 6806	15. 6702 - 5865	16. 3944 - 2010	17. 8865 - 3953	18. 8587 - 3374
19. 5259 - 2367	20. 2991 - 1768	21. 8019 - 3877	22. 9070 - 7815	23. 7786 - 6403	24. 5687 - 1686
25. 7660 - 1033	26. 9120 - 3165	27. 7716 - 4979	28. 6940 - 4590	29. 8927 - 5102	30. 3417 - 1759
31. 8379 - 5263	32. 2808 - 2800	33. 4796 - 2481	34. 2319 - 1150	35. 6450 - 5702	36. 6281 - 5182
37. 7293 - 1029	38. 5353 - 1296	39. 5818 - 1317	40. 4782 - 2810	41. 5835 - 2438	42. 9729 - 2145
43. 8171 - 5332	44. 9606 - 8433	45. 3653 - 3246	46. 8950 - 6938	47. 8730 - 8632	48. 7177 - 3717
49. 5745 - 1079	50. 7691 - 2278	51. 7863 - 3856	52. 7583 - 5547	53. 4517 - 4192	54. 8293 - 5223
55. 6049 - 1487	56. 9101 - 3290	57. 6305 - 2376	58. 2970 - 1710	59. 8523 - 6037	60. 3037 - 1337

Name: ______________________ **Date:** ____________

Start Time: ______________ **End Time:** ______________

Score: ______
60

1. 8178 - 2417	2. 7600 - 5362	3. 7593 - 4773	4. 4634 - 2243	5. 7798 - 2782	6. 9529 - 1494
7. 9902 - 8166	8. 6080 - 5081	9. 4767 - 2783	10. 6047 - 5248	11. 6249 - 2406	12. 5604 - 3357
13 3548 - 1145	14. 9024 - 8047	15. 7849 - 6161	16. 4215 - 1546	17. 6768 - 2941	18. 3308 - 1106
19. 9376 - 1634	20. 9793 - 5682	21. 8385 - 4452	22. 2560 - 1713	23. 5557 - 2216	24. 7250 - 1613
25. 8419 - 6102	26. 6794 - 4819	27. 8121 - 6905	28. 4227 - 1623	29. 8922 - 6299	30. 7063 - 4052
31. 3832 - 3253	32. 6726 - 5424	33. 8829 - 6082	34. 8772 - 6634	35. 5590 - 1582	36. 8888 - 8181
37. 5417 - 2199	38. 9210 - 5244	39. 9287 - 5234	40. 9838 - 6967	41. 8437 - 2226	42. 5706 - 2645
43. 7997 - 2034	44. 7730 - 4543	45. 7463 - 4154	46. 8696 - 4389	47. 5225 - 3801	48. 6442 - 1969
49. 4643 - 1909	50. 3413 - 3342	51. 6557 - 5851	52. 9669 - 9408	53. 2652 - 1811	54. 8133 - 2641
55. 7796 - 2954	56. 6237 - 2530	57. 5223 - 5019	58. 6723 - 2505	59. 9045 - 7153	60. 9448 - 3967

Multi Digits
1111-9999

Name: ______________________ **Date:** ____________

Start Time: ______________ **End Time:** ______________

Score: ______ / 60

1. 9925 - 8277	2. 4855 - 4640	3. 9164 - 6137	4. 8458 - 7411	5. 8267 - 6029	6. 8987 - 6863
7. 8693 - 2675	8. 2485 - 1710	9. 7405 - 5258	10. 9457 - 2479	11. 9785 - 8887	12. 9485 - 9034
13 5101 - 1680	14. 7474 - 1255	15. 8599 - 8089	16. 6442 - 5391	17. 8890 - 1245	18. 2130 - 1283
19. 6113 - 3567	20. 9777 - 5254	21. 6357 - 2071	22. 7541 - 6709	23. 7158 - 6036	24. 6461 - 5562
25. 5657 - 1015	26. 8840 - 8064	27. 8945 - 8438	28. 9690 - 3562	29. 8418 - 4176	30. 6374 - 2043
31. 8612 - 1942	32. 4917 - 4307	33. 9657 - 2900	34. 8582 - 7135	35. 7501 - 1747	36. 8412 - 3080
37. 6399 - 4169	38. 2120 - 1408	39. 2621 - 2440	40. 6333 - 2193	41. 9292 - 8399	42. 8826 - 2946
43. 3958 - 3918	44. 8940 - 4223	45. 4215 - 4025	46. 5683 - 4411	47. 7640 - 5158	48. 9604 - 5026
49. 5488 - 1855	50. 8861 - 6397	51. 7349 - 4124	52. 9492 - 5948	53. 8127 - 8097	54. 8227 - 7861
55. 4025 - 3564	56. 5729 - 4763	57. 8899 - 3862	58. 5524 - 5009	59. 9785 - 6354	60. 6231 - 5539

Name: _____ **Date:** _____

Start Time: _____ **End Time:** _____

Score: _____

60

1.	2.	3.	4.	5.	6.
8281 - 5957	5785 - 2263	7124 - 3143	5073 - 4140	6933 - 6919	9420 - 4919
7.	8.	9.	10.	11.	12.
6686 - 2279	7517 - 1118	5891 - 4315	4257 - 3437	6749 - 4936	9541 - 8564
13	14.	15.	16.	17.	18.
9472 - 6470	7395 - 5573	4578 - 2974	5287 - 3777	4297 - 2971	9832 - 3187
19.	20.	21.	22.	23.	24.
7362 - 6916	4446 - 3822	8915 - 4857	9056 - 2585	8722 - 5694	8508 - 4360
25.	26.	27.	28.	29.	30.
2100 - 1810	3791 - 1961	7634 - 2753	9770 - 7884	6683 - 5136	7201 - 1399
31.	32.	33.	34.	35.	36.
4960 - 3120	2956 - 2212	5607 - 2099	4984 - 1196	3806 - 3255	9941 - 5895
37.	38.	39.	40.	41.	42.
3978 - 1320	4190 - 3606	2437 - 1049	4547 - 4541	5536 - 1493	8008 - 4358
43.	44.	45.	46.	47.	48.
4793 - 1532	2804 - 1917	7080 - 3629	4782 - 1060	7581 - 2419	7233 - 2551
49.	50.	51.	52.	53.	54.
9209 - 8909	7602 - 1440	5321 - 1175	3709 - 2582	6148 - 5554	9650 - 5847
55.	56.	57.	58.	59.	60.
4686 - 1605	8339 - 7459	8057 - 7955	8145 - 3600	9209 - 1984	6750 - 4573

Multi Digits

1111-9999

Name: ____________________ Date: ____________

Start Time: ______________ End Time: ______________

Score: ______ / 60

1. 8886 - 8212	2. 9085 - 1316	3. 7515 - 2456	4. 5280 - 2793	5. 6612 - 3767	6. 8519 - 6231
7. 4279 - 1521	8. 3611 - 3305	9. 9821 - 3631	10. 6979 - 4752	11. 8656 - 4075	12. 5774 - 5669
13 7558 - 7407	14. 4892 - 3294	15. 7326 - 6919	16. 9128 - 3589	17. 9908 - 6263	18. 4510 - 3741
19. 7391 - 2166	20. 7453 - 6761	21. 8769 - 8018	22. 5068 - 1273	23. 6558 - 4141	24. 4538 - 4349
25. 4575 - 2501	26. 3551 - 1704	27. 9688 - 5872	28. 5963 - 4049	29. 2868 - 1213	30. 6866 - 3086
31. 9938 - 2337	32. 9673 - 2275	33. 6621 - 2984	34. 5843 - 5448	35. 6256 - 3078	36. 8284 - 5207
37. 3984 - 1036	38. 5122 - 2100	39. 4230 - 3221	40. 7902 - 1151	41. 5483 - 1956	42. 8829 - 5709
43. 8876 - 6140	44. 1304 - 1103	45. 8714 - 5644	46. 4177 - 3940	47. 8827 - 8066	48. 5654 - 2112
49. 5301 - 1023	50. 9482 - 2639	51. 7927 - 1300	52. 3937 - 3153	53. 9414 - 8120	54. 7246 - 6381
55. 6705 - 5466	56. 9142 - 8505	57. 4010 - 3258	58. 7456 - 1988	59. 8617 - 8605	60. 6533 - 1668

Name: _____ **Date:** _____

Start Time: _____ **End Time:** _____

Score: _____

60

1.	2.	3.	4.	5.	6.
6129 - 2758	8104 - 4452	7218 - 2940	3713 - 1492	7336 - 1253	5128 - 5069
7.	8.	9.	10.	11.	12.
7370 - 5880	6704 - 1284	9813 - 5169	9169 - 7943	9864 - 7848	8908 - 5644
13	14.	15.	16.	17.	18.
8554 - 7331	9273 - 8927	4646 - 1317	8391 - 1960	4258 - 4169	8584 - 5068
19.	20.	21.	22.	23.	24.
6214 - 6088	1877 - 1687	9999 - 5185	5904 - 2979	6587 - 2263	6080 - 1424
25.	26.	27.	28.	29.	30.
6985 - 6249	5558 - 3795	7852 - 2657	9551 - 8497	5538 - 2580	8899 - 4823
31.	32.	33.	34.	35.	36.
9008 - 8246	8712 - 3716	1438 - 1155	4831 - 3859	4201 - 3222	1969 - 1275
37.	38.	39.	40.	41.	42.
6816 - 1633	9173 - 8242	9093 - 1570	8825 - 6663	5064 - 1360	2015 - 1472
43.	44.	45.	46.	47.	48.
4213 - 1187	8337 - 7843	6221 - 5568	2779 - 1100	6265 - 3114	6838 - 3672
49.	50.	51.	52.	53.	54.
7766 - 3167	8884 - 7053	5599 - 1242	7790 - 2571	9652 - 5165	4549 - 2043
55.	56.	57.	58.	59.	60.
4167 - 2082	7600 - 7194	8805 - 7248	8175 - 6258	8378 - 6035	8198 - 4771

Multi Digits

1111-9999

Name: ______________________ **Date:** ____________

Start Time: ______________ **End Time:** ______________

Score: ______ / **60**

1. 8293 - 6617	2. 6674 - 2946	3. 5142 - 1601	4. 9883 - 3134	5. 4305 - 3780	6. 9548 - 1258
7. 4171 - 2248	8. 9013 - 7521	9. 4733 - 2699	10. 7082 - 6221	11. 8946 - 1678	12. 9200 - 7445
13 4730 - 2590	14. 9405 - 7671	15. 8099 - 7513	16. 8363 - 1348	17. 9458 - 7389	18. 3964 - 1719
19. 7904 - 6993	20. 8837 - 2180	21. 3384 - 3319	22. 7471 - 5119	23. 7796 - 7690	24. 5228 - 4596
25. 5699 - 2344	26. 7859 - 5718	27. 7034 - 6224	28. 9904 - 4656	29. 9839 - 1905	30. 8282 - 4922
31. 6105 - 5832	32. 4265 - 3812	33. 9883 - 7251	34. 9837 - 2018	35. 5441 - 1984	36. 4723 - 3656
37. 8627 - 6331	38. 3264 - 1251	39. 6697 - 2272	40. 7135 - 3348	41. 4751 - 3463	42. 6927 - 1215
43. 7337 - 5049	44. 5800 - 4639	45. 7755 - 3755	46. 7309 - 3065	47. 6721 - 4644	48. 5861 - 2364
49. 1761 - 1075	50. 9767 - 8778	51. 6070 - 5125	52. 9638 - 6723	53. 8778 - 3907	54. 4739 - 1668
55. 7815 - 4331	56. 3366 - 2805	57. 9800 - 8195	58. 9871 - 1197	59. 7285 - 6321	60. 7655 - 1811

Name: ____________________ **Date:** __________

Start Time: ______________ **End Time:** ______________

Score: ______ / 60

1. 8423 - 4722	2. 7404 - 5210	3. 7495 - 2460	4. 9223 - 6415	5. 8164 - 2704	6. 8707 - 7584
7. 9973 - 5411	8. 9896 - 6520	9. 6726 - 6361	10. 7935 - 2588	11. 5633 - 1914	12. 7941 - 4856
13 7880 - 7489	14. 6369 - 4489	15. 3548 - 1757	16. 8471 - 2876	17. 4792 - 2248	18. 7491 - 5575
19. 5579 - 2687	20. 5323 - 4814	21. 5973 - 2440	22. 7209 - 3972	23. 9270 - 5175	24. 5125 - 4577
25. 5141 - 1070	26. 8843 - 6035	27. 9147 - 4027	28. 8806 - 2542	29. 9930 - 1339	30. 5185 - 3155
31. 8654 - 1609	32. 9913 - 5014	33. 6917 - 5017	34. 5315 - 1734	35. 9656 - 1892	36. 7550 - 3241
37. 6341 - 4124	38. 7372 - 4628	39. 9595 - 6263	40. 6306 - 4822	41. 8244 - 1734	42. 8531 - 7932
43. 9110 - 3912	44. 6092 - 6073	45. 7383 - 6463	46. 7647 - 3787	47. 3877 - 2835	48. 7064 - 2836
49. 8369 - 5296	50. 9795 - 6896	51. 6075 - 2204	52. 2962 - 2464	53. 7501 - 4350	54. 5846 - 1628
55. 5221 - 1759	56. 5590 - 3184	57. 7862 - 6882	58. 6574 - 4666	59. 8371 - 4409	60. 7044 - 5209

Name: ____________________ **Date:** ____________

Start Time: ______________ **End Time:** ______________

Score: ______
60

1. 4852 - 2790	2. 7162 - 6948	3. 5427 - 2100	4. 9566 - 1553	5. 3327 - 1796	6. 3250 - 2332
7. 4073 - 2929	8. 9549 - 6614	9. 7103 - 3245	10. 9301 - 2242	11. 5110 - 2789	12. 9666 - 8394
13 4583 - 1634	14. 4430 - 1233	15. 8099 - 5458	16. 9476 - 3982	17. 9754 - 6155	18. 2889 - 2170
19. 3588 - 1128	20. 3597 - 3360	21. 5297 - 3354	22. 7953 - 1803	23. 4200 - 2506	24. 8980 - 3728
25. 9749 - 3746	26. 5274 - 2738	27. 8333 - 4815	28. 3735 - 2866	29. 8979 - 2623	30. 8781 - 7829
31. 9925 - 1044	32. 1168 - 1134	33. 6305 - 5439	34. 9048 - 7729	35. 7706 - 1532	36. 5904 - 3470
37. 5897 - 2311	38. 5028 - 1094	39. 7839 - 6626	40. 9879 - 5209	41. 6294 - 3318	42. 5685 - 2830
43. 2312 - 1730	44. 8804 - 7428	45. 6780 - 4027	46. 8729 - 6766	47. 8970 - 6212	48. 7229 - 2338
49. 9693 - 1449	50. 7860 - 1509	51. 7186 - 4347	52. 4869 - 2934	53. 4897 - 4735	54. 9018 - 1682
55. 8255 - 7940	56. 2592 - 2284	57. 8205 - 2902	58. 7462 - 6975	59. 5858 - 3808	60. 6605 - 5120

Multi Digits

1111-9999

Name: ______________________ **Date:** ____________

Start Time: ______________ **End Time:** ______________

Score: ______ / 60

1. 4658 - 1323	2. 6950 - 2064	3. 8259 - 6673	4. 3573 - 3153	5. 6924 - 6703	6. 6432 - 3496
7. 7783 - 6855	8. 5600 - 1211	9. 7049 - 3881	10. 9170 - 3401	11. 5893 - 4960	12. 7981 - 6696
13 4871 - 2284	14. 5835 - 5531	15. 7341 - 6523	16. 8879 - 5474	17. 3469 - 1562	18. 9754 - 7468
19. 5078 - 1457	20. 9555 - 3635	21. 4824 - 2993	22. 7630 - 5302	23. 8799 - 1294	24. 6629 - 2223
25. 7615 - 4827	26. 9053 - 5271	27. 9998 - 2322	28. 2810 - 1891	29. 8237 - 4990	30. 3456 - 1600
31. 9510 - 3349	32. 8895 - 2330	33. 9844 - 9697	34. 7985 - 2647	35. 4812 - 4308	36. 7979 - 3822
37. 4953 - 2808	38. 2711 - 1259	39. 6751 - 5984	40. 5837 - 5596	41. 3944 - 3301	42. 7574 - 4127
43. 9691 - 1334	44. 7520 - 3442	45. 8613 - 4200	46. 9450 - 2247	47. 7176 - 2374	48. 6051 - 4502
49. 4329 - 3526	50. 5545 - 4571	51. 5103 - 1916	52. 9484 - 1305	53. 9376 - 1522	54. 7872 - 2746
55. 9835 - 9154	56. 6611 - 2199	57. 8507 - 3867	58. 9893 - 9847	59. 5911 - 3252	60. 7958 - 6872

Multi Digits

1111-9999

Name: ____________________ Date: __________

Start Time: ______________ End Time: ______________

Score: ______
60

1. 3084 - 2467	2. 7869 - 3351	3. 7582 - 2475	4. 3942 - 3204	5. 9073 - 2325	6. 7020 - 1045
7. 6665 - 3463	8. 2880 - 1916	9. 9025 - 6577	10. 7653 - 3887	11. 5892 - 3697	12. 7863 - 1420
13 6185 - 2861	14. 3978 - 3598	15. 9260 - 8860	16. 5307 - 2681	17. 9132 - 8587	18. 5909 - 4806
19. 9766 - 9657	20. 9565 - 9018	21. 8156 - 3363	22. 6764 - 5642	23. 3348 - 1496	24. 5618 - 4199
25. 4321 - 2697	26. 6486 - 3577	27. 7593 - 7367	28. 3639 - 1404	29. 7506 - 3560	30. 3456 - 2788
31. 4860 - 3407	32. 5697 - 3033	33. 5174 - 4383	34. 9393 - 8878	35. 9994 - 6058	36. 6169 - 2091
37. 7565 - 6297	38. 8651 - 4660	39. 2302 - 1072	40. 1812 - 1407	41. 8189 - 1867	42. 2934 - 2201
43. 5111 - 1367	44. 9762 - 8040	45. 8802 - 4985	46. 3196 - 1633	47. 8955 - 4466	48. 8240 - 7175
49. 5504 - 1050	50. 7926 - 4845	51. 4488 - 1290	52. 6374 - 4624	53. 5016 - 4351	54. 9797 - 9178
55. 6713 - 6353	56. 5774 - 2373	57. 9998 - 8945	58. 6880 - 1396	59. 9728 - 4211	60. 7489 - 6235

Name: ____________________ Date: __________

Start Time: ______________ End Time: ______________

Score: ______
60

1. 4656 - 2439	2. 9571 - 9006	3. 7031 - 6077	4. 5662 - 1220	5. 8772 - 6536	6. 2650 - 1833
7. 5958 - 1786	8. 4510 - 1141	9. 8690 - 2728	10. 4643 - 2223	11. 3551 - 2267	12. 7078 - 6981
13 8486 - 5228	14. 6053 - 2113	15. 9117 - 4406	16. 6733 - 2220	17. 7222 - 5311	18. 7151 - 3780
19. 5044 - 3858	20. 5271 - 1632	21. 8600 - 5985	22. 4114 - 2469	23. 9202 - 1438	24. 3853 - 1001
25. 3516 - 2877	26. 4516 - 1661	27. 5900 - 4023	28. 4073 - 2524	29. 8610 - 6841	30. 5970 - 5793
31. 7869 - 7862	32. 8304 - 8165	33. 9097 - 5195	34. 7840 - 5833	35. 8530 - 5022	36. 9368 - 3680
37. 9503 - 8927	38. 7869 - 1712	39. 2809 - 1843	40. 9240 - 2716	41. 9056 - 8208	42. 3098 - 2451
43. 9738 - 6927	44. 8852 - 1785	45. 6109 - 2923	46. 6982 - 3332	47. 8491 - 6138	48. 4709 - 1611
49. 2045 - 1455	50. 5037 - 3755	51. 5878 - 2535	52. 3152 - 3072	53. 4624 - 4323	54. 8012 - 3390
55. 7151 - 3255	56. 7923 - 5037	57. 4977 - 1657	58. 9522 - 6247	59. 7985 - 5752	60. 5508 - 2631

Name: _____   **Date:** _____

Start Time: _____   **End Time:** _____

Score: _____

60

1.	2.	3.	4.	5.	6.
7247 - 3928	8803 - 1395	8506 - 5748	7108 - 1578	9806 - 7700	3685 - 1317
7.	8.	9.	10.	11.	12.
8259 - 1457	9208 - 1168	6807 - 6069	9784 - 4030	7752 - 5758	5045 - 3122
13	14.	15.	16.	17.	18.
9220 - 4945	8443 - 7234	6753 - 2214	9999 - 3792	4594 - 3623	4623 - 4033
19.	20.	21.	22.	23.	24.
9247 - 3698	9120 - 8884	9193 - 2443	7819 - 4560	8454 - 1232	9453 - 7168
25.	26.	27.	28.	29.	30.
7865 - 7349	9527 - 7441	9527 - 5020	6602 - 6123	5347 - 1259	5905 - 5034
31.	32.	33.	34.	35.	36.
7930 - 3151	8731 - 8215	5822 - 2719	8352 - 5374	9775 - 6639	1584 - 1526
37.	38.	39.	40.	41.	42.
5330 - 3740	9562 - 4538	6400 - 3262	9075 - 5069	6451 - 5904	6745 - 1615
43.	44.	45.	46.	47.	48.
5656 - 5212	7962 - 3653	4746 - 3361	9282 - 8721	8163 - 6729	5318 - 3765
49.	50.	51.	52.	53.	54.
8554 - 5020	9517 - 6382	9097 - 6678	8633 - 7151	6061 - 5081	9307 - 5760
55.	56.	57.	58.	59.	60.
9703 - 2033	3065 - 2465	6898 - 3589	6765 - 2814	5777 - 5016	7385 - 5681

Name: ____________________ **Date:** ____________

Start Time: ______________ **End Time:** ______________

Score: ______ / 60

1. 9327 - 6740	2. 9328 - 2052	3. 2794 - 2456	4. 7481 - 4249	5. 1151 - 1085	6. 8344 - 5508
7. 9247 - 5137	8. 8122 - 5888	9. 7675 - 4286	10. 9253 - 8795	11. 8329 - 6720	12. 4685 - 2552
13 7276 - 7248	14. 6200 - 4869	15. 9334 - 8276	16. 4707 - 2895	17. 7952 - 6250	18. 6725 - 3946
19. 6132 - 3430	20. 8376 - 7338	21. 2773 - 2607	22. 6912 - 1803	23. 4607 - 2939	24. 6331 - 5656
25. 4049 - 3071	26. 2551 - 1058	27. 5956 - 4860	28. 9968 - 2892	29. 6967 - 2563	30. 5362 - 4225
31. 6718 - 3909	32. 7436 - 1834	33. 3336 - 1376	34. 4194 - 2056	35. 6833 - 2976	36. 6671 - 6398
37. 6667 - 3231	38. 7366 - 2241	39. 9603 - 4320	40. 4159 - 3025	41. 6351 - 5495	42. 2986 - 2955
43. 8415 - 2263	44. 9229 - 5649	45. 8033 - 1893	46. 9587 - 1332	47. 8746 - 7254	48. 8202 - 7698
49. 8768 - 4801	50. 6989 - 5491	51. 8093 - 3715	52. 8435 - 6537	53. 7490 - 2572	54. 5571 - 3452
55. 4298 - 4161	56. 8684 - 6898	57. 4611 - 1058	58. 4519 - 2251	59. 6906 - 3242	60. 2638 - 1739

Page 1:

1. 2	2. 5	3. 6	4. 11	5. 2	6. 9	7. 7	8. 4	9. 4	10. 0
11. 2	12. 10	13. 4	14. 0	15. 9	16. 1	17. 14	18. 2	19. 7	20. 4
21. 7	22. 15	23. 13	24. 15	25. 10	26. 15	27. 9	28. 10	29. 7	30. 8
31. 5	32. 14	33. 4	34. 5	35. 7	36. 20	37. 10	38. 1	39. 1	40. 5
41. 16	42. 7	43. 2	44. 8	45. 7	46. 2	47. 4	48. 15	49. 11	50. 9
51. 3	52. 6	53. 3	54. 4	55. 5	56. 0	57. 14	58. 13	59. 16	60. 4

Page 2:

1. 2	2. 5	3. 8	4. 6	5. 4	6. 7	7. 2	8. 8	9. 13	10. 14
11. 3	12. 1	13. 19	14. 2	15. 4	16. 17	17. 2	18. 7	19. 5	20. 12
21. 6	22. 5	23. 2	24. 1	25. 1	26. 11	27. 5	28. 0	29. 0	30. 5
31. 1	32. 7	33. 1	34. 2	35. 5	36. 8	37. 4	38. 3	39. 7	40. 4
41. 4	42. 6	43. 4	44. 3	45. 5	46. 3	47. 13	48. 4	49. 5	50. 7
51. 12	52. 15	53. 2	54. 15	55. 1	56. 7	57. 3	58. 15	59. 6	60. 9

Page 3:

1. 5	2. 1	3. 3	4. 10	5. 7	6. 3	7. 6	8. 5	9. 8	10. 1
11. 10	12. 7	13. 3	14. 2	15. 3	16. 0	17. 3	18. 6	19. 3	20. 15
21. 14	22. 5	23. 3	24. 6	25. 8	26. 1	27. 1	28. 19	29. 12	30. 7
31. 6	32. 10	33. 4	34. 13	35. 19	36. 12	37. 12	38. 14	39. 9	40. 13
41. 15	42. 8	43. 3	44. 2	45. 8	46. 5	47. 8	48. 1	49. 4	50. 11
51. 1	52. 19	53. 9	54. 16	55. 8	56. 0	57. 1	58. 4	59. 4	60. 3

Page 4:

1. 2	2. 19	3. 1	4. 3	5. 17	6. 4	7. 0	8. 10	9. 14	10. 5
11. 5	12. 9	13. 15	14. 10	15. 12	16. 7	17. 20	18. 9	19. 3	20. 1
21. 15	22. 3	23. 1	24. 7	25. 6	26. 4	27. 13	28. 0	29. 4	30. 13
31. 4	32. 7	33. 5	34. 5	35. 6	36. 13	37. 9	38. 3	39. 3	40. 6
41. 1	42. 8	43. 9	44. 4	45. 4	46. 14	47. 2	48. 2	49. 1	50. 13
51. 8	52. 0	53. 9	54. 3	55. 11	56. 3	57. 5	58. 3	59. 8	60. 5

Page 5:

1. 1	2. 5	3. 5	4. 14	5. 0	6. 6	7. 13	8. 8	9. 8	10. 1
11. 10	12. 12	13. 4	14. 13	15. 12	16. 13	17. 12	18. 7	19. 11	20. 12
21. 11	22. 2	23. 6	24. 17	25. 6	26. 1	27. 10	28. 15	29. 1	30. 2
31. 19	32. 8	33. 7	34. 1	35. 5	36. 3	37. 4	38. 11	39. 16	40. 11
41. 1	42. 10	43. 9	44. 1	45. 3	46. 7	47. 6	48. 0	49. 10	50. 10
51. 3	52. 9	53. 13	54. 19	55. 0	56. 10	57. 13	58. 7	59. 4	60. 3

Page 6:

1. 5	2. 7	3. 2	4. 19	5. 7	6. 2	7. 7	8. 2	9. 9	10. 10
11. 2	12. 4	13. 11	14. 7	15. 2	16. 1	17. 5	18. 6	19. 4	20. 13
21. 3	22. 0	23. 0	24. 6	25. 0	26. 3	27. 0	28. 4	29. 1	30. 1
31. 11	32. 8	33. 3	34. 9	35. 2	36. 6	37. 6	38. 11	39. 13	40. 0
41. 7	42. 6	43. 4	44. 14	45. 15	46. 8	47. 3	48. 10	49. 1	50. 12
51. 3	52. 7	53. 2	54. 9	55. 13	56. 4	57. 11	58. 1	59. 8	60. 4

Page 7:

1. 12	2. 2	3. 5	4. 0	5. 11	6. 11	7. 9	8. 0	9. 2	10. 14
11. 3	12. 8	13. 9	14. 15	15. 3	16. 2	17. 5	18. 5	19. 14	20. 2
21. 17	22. 6	23. 17	24. 0	25. 11	26. 4	27. 5	28. 5	29. 0	30. 6
31. 10	32. 5	33. 19	34. 9	35. 1	36. 14	37. 6	38. 9	39. 5	40. 9
41. 6	42. 4	43. 10	44. 6	45. 7	46. 3	47. 8	48. 11	49. 1	50. 0
51. 2	52. 5	53. 9	54. 10	55. 5	56. 14	57. 0	58. 4	59. 3	60. 12

Page 8:

1. 17	2. 17	3. 6	4. 15	5. 12	6. 1	7. 5	8. 9	9. 1	10. 14
11. 9	12. 2	13. 17	14. 4	15. 10	16. 1	17. 11	18. 19	19. 10	20. 4
21. 3	22. 1	23. 7	24. 1	25. 9	26. 11	27. 3	28. 1	29. 11	30. 7
31. 7	32. 8	33. 1	34. 8	35. 1	36. 2	37. 6	38. 7	39. 4	40. 15
41. 2	42. 8	43. 1	44. 13	45. 7	46. 9	47. 17	48. 9	49. 6	50. 7
51. 5	52. 11	53. 1	54. 8	55. 2	56. 8	57. 1	58. 4	59. 4	60. 2

Page 9:

1. 8	2. 13	3. 8	4. 15	5. 11	6. 13	7. 2	8. 11	9. 6	10. 4
11. 0	12. 10	13. 16	14. 13	15. 12	16. 11	17. 0	18. 5	19. 3	20. 14
21. 3	22. 5	23. 15	24. 15	25. 6	26. 11	27. 8	28. 1	29. 0	30. 4
31. 13	32. 3	33. 6	34. 7	35. 14	36. 7	37. 14	38. 10	39. 1	40. 1
41. 12	42. 7	43. 6	44. 11	45. 1	46. 8	47. 4	48. 0	49. 2	50. 5
51. 13	52. 1	53. 1	54. 6	55. 0	56. 0	57. 7	58. 1	59. 5	60. 16

Page 10:

1. 7	2. 11	3. 9	4. 1	5. 3	6. 1	7. 17	8. 9	9. 3	10. 12
11. 20	12. 15	13. 7	14. 2	15. 4	16. 11	17. 6	18. 9	19. 3	20. 5
21. 9	22. 17	23. 0	24. 8	25. 0	26. 15	27. 4	28. 7	29. 10	30. 12
31. 3	32. 19	33. 9	34. 1	35. 2	36. 8	37. 10	38. 5	39. 15	40. 16
41. 3	42. 8	43. 7	44. 3	45. 7	46. 9	47. 3	48. 7	49. 10	50. 16
51. 13	52. 9	53. 13	54. 15	55. 7	56. 1	57. 3	58. 0	59. 4	60. 5

Page 11:

1. 4	2. 8	3. 4	4. 12	5. 8	6. 3	7. 0	8. 9	9. 9	10. 16
11. 11	12. 6	13. 5	14. 10	15. 3	16. 3	17. 10	18. 1	19. 13	20. 16
21. 16	22. 9	23. 9	24. 2	25. 2	26. 7	27. 7	28. 9	29. 6	30. 6
31. 4	32. 10	33. 4	34. 3	35. 0	36. 5	37. 18	38. 10	39. 0	40. 10
41. 2	42. 17	43. 3	44. 0	45. 15	46. 5	47. 5	48. 13	49. 5	50. 7
51. 7	52. 2	53. 3	54. 1	55. 1	56. 10	57. 2	58. 10	59. 11	60. 8

Page 12:

1. 5	2. 1	3. 9	4. 1	5. 4	6. 9	7. 13	8. 1	9. 12	10. 5
11. 14	12. 3	13. 1	14. 11	15. 6	16. 12	17. 5	18. 17	19. 9	20. 5
21. 0	22. 1	23. 7	24. 13	25. 11	26. 11	27. 2	28. 17	29. 1	30. 2
31. 2	32. 11	33. 1	34. 5	35. 6	36. 5	37. 4	38. 1	39. 3	40. 8
41. 17	42. 1	43. 6	44. 2	45. 6	46. 4	47. 4	48. 2	49. 14	50. 11
51. 7	52. 6	53. 12	54. 9	55. 2	56. 6	57. 11	58. 20	59. 7	60. 13

Page 13:

1. 5	2. 18	3. 0	4. 6	5. 10	6. 0	7. 6	8. 20	9. 11	10. 12
11. 7	12. 16	13. 6	14. 9	15. 7	16. 4	17. 3	18. 9	19. 14	20. 0
21. 9	22. 11	23. 7	24. 9	25. 13	26. 7	27. 17	28. 5	29. 7	30. 12
31. 15	32. 7	33. 0	34. 7	35. 9	36. 6	37. 4	38. 5	39. 18	40. 0
41. 9	42. 1	43. 17	44. 3	45. 2	46. 10	47. 8	48. 4	49. 7	50. 7
51. 1	52. 6	53. 5	54. 11	55. 1	56. 3	57. 7	58. 2	59. 6	60. 1

Page 14:

1. 11	2. 6	3. 1	4. 6	5. 8	6. 0	7. 15	8. 3	9. 2	10. 13
11. 16	12. 1	13. 2	14. 2	15. 4	16. 5	17. 2	18. 12	19. 8	20. 1
21. 9	22. 8	23. 15	24. 4	25. 7	26. 8	27. 1	28. 8	29. 2	30. 13
31. 1	32. 11	33. 3	34. 3	35. 9	36. 10	37. 1	38. 6	39. 1	40. 1
41. 6	42. 1	43. 4	44. 5	45. 4	46. 19	47. 2	48. 3	49. 4	50. 11
51. 5	52. 17	53. 2	54. 8	55. 15	56. 16	57. 13	58. 11	59. 17	60. 14

Page 15:

1. 0	2. 16	3. 1	4. 15	5. 2	6. 10	7. 9	8. 3	9. 11	10. 3
11. 6	12. 10	13. 2	14. 16	15. 11	16. 8	17. 12	18. 2	19. 2	20. 15
21. 5	22. 5	23. 5	24. 9	25. 4	26. 7	27. 8	28. 6	29. 8	30. 12
31. 8	32. 3	33. 7	34. 2	35. 9	36. 14	37. 3	38. 8	39. 8	40. 2
41. 17	42. 0	43. 2	44. 14	45. 1	46. 4	47. 17	48. 8	49. 11	50. 1
51. 8	52. 7	53. 4	54. 17	55. 4	56. 2	57. 5	58. 3	59. 0	60. 7

Page 16:

1. 11	2. 6	3. 11	4. 1	5. 1	6. 14	7. 11	8. 2	9. 14	10. 7
11. 19	12. 5	13. 7	14. 1	15. 9	16. 20	17. 1	18. 0	19. 10	20. 5
21. 8	22. 8	23. 1	24. 2	25. 1	26. 9	27. 4	28. 7	29. 3	30. 8
31. 1	32. 5	33. 11	34. 4	35. 5	36. 13	37. 4	38. 3	39. 7	40. 10
41. 11	42. 20	43. 1	44. 4	45. 10	46. 20	47. 3	48. 1	49. 16	50. 8
51. 4	52. 10	53. 12	54. 4	55. 2	56. 9	57. 1	58. 2	59. 10	60. 7

Page 17:

1. 3	2. 6	3. 1	4. 4	5. 17	6. 1	7. 2	8. 3	9. 7	10. 2
11. 3	12. 11	13. 10	14. 1	15. 2	16. 4	17. 8	18. 11	19. 11	20. 6
21. 9	22. 6	23. 10	24. 5	25. 5	26. 3	27. 8	28. 14	29. 13	30. 4
31. 2	32. 3	33. 1	34. 9	35. 4	36. 4	37. 12	38. 2	39. 11	40. 5
41. 5	42. 9	43. 14	44. 7	45. 1	46. 4	47. 15	48. 4	49. 18	50. 2
51. 10	52. 10	53. 11	54. 9	55. 1	56. 12	57. 12	58. 10	59. 16	60. 12

Page 18:

1. 8	2. 9	3. 5	4. 19	5. 8	6. 3	7. 0	8. 18	9. 9	10. 11
11. 9	12. 2	13. 17	14. 6	15. 1	16. 3	17. 3	18. 2	19. 6	20. 6
21. 1	22. 9	23. 11	24. 3	25. 1	26. 8	27. 1	28. 14	29. 2	30. 2
31. 13	32. 12	33. 1	34. 12	35. 14	36. 16	37. 5	38. 9	39. 1	40. 18
41. 6	42. 5	43. 13	44. 3	45. 10	46. 4	47. 9	48. 1	49. 7	50. 10
51. 4	52. 7	53. 10	54. 13	55. 10	56. 14	57. 2	58. 3	59. 0	60. 2

Page 19:

1. 9	2. 5	3. 4	4. 9	5. 15	6. 11	7. 8	8. 3	9. 17	10. 4
11. 20	12. 1	13. 16	14. 16	15. 12	16. 8	17. 5	18. 19	19. 4	20. 8
21. 9	22. 16	23. 2	24. 5	25. 10	26. 6	27. 11	28. 2	29. 8	30. 14
31. 11	32. 13	33. 16	34. 6	35. 11	36. 12	37. 5	38. 11	39. 15	40. 3
41. 7	42. 5	43. 5	44. 6	45. 9	46. 5	47. 20	48. 6	49. 8	50. 6
51. 3	52. 9	53. 4	54. 4	55. 6	56. 1	57. 12	58. 8	59. 4	60. 20

Page 20:

1. 0	2. 6	3. 13	4. 6	5. 3	6. 9	7. 0	8. 10	9. 8	10. 7
11. 5	12. 11	13. 18	14. 11	15. 1	16. 12	17. 12	18. 8	19. 1	20. 10
21. 9	22. 15	23. 5	24. 5	25. 1	26. 18	27. 5	28. 0	29. 12	30. 13
31. 16	32. 9	33. 5	34. 5	35. 0	36. 1	37. 3	38. 11	39. 10	40. 10
41. 7	42. 13	43. 2	44. 1	45. 0	46. 8	47. 10	48. 9	49. 1	50. 2
51. 2	52. 2	53. 13	54. 14	55. 8	56. 10	57. 15	58. 2	59. 19	60. 7

Page 21:

1. 11	2. 5	3. 2	4. 13	5. 3	6. 4	7. 4	8. 11	9. 7	10. 9
11. 4	12. 1	13. 6	14. 16	15. 7	16. 11	17. 11	18. 1	19. 10	20. 7
21. 3	22. 8	23. 2	24. 4	25. 8	26. 6	27. 2	28. 15	29. 13	30. 3
31. 4	32. 14	33. 13	34. 14	35. 12	36. 13	37. 4	38. 2	39. 9	40. 7
41. 12	42. 10	43. 5	44. 5	45. 11	46. 7	47. 7	48. 3	49. 1	50. 12
51. 7	52. 2	53. 8	54. 7	55. 9	56. 13	57. 9	58. 1	59. 8	60. 19

Page 22:

1. 8	2. 2	3. 10	4. 6	5. 5	6. 2	7. 0	8. 4	9. 5	10. 9
11. 14	12. 6	13. 14	14. 15	15. 1	16. 12	17. 2	18. 2	19. 7	20. 7
21. 6	22. 2	23. 5	24. 9	25. 2	26. 6	27. 9	28. 10	29. 1	30. 1
31. 5	32. 0	33. 6	34. 1	35. 7	36. 9	37. 1	38. 3	39. 2	40. 4
41. 2	42. 13	43. 1	44. 1	45. 1	46. 0	47. 13	48. 1	49. 0	50. 3
51. 7	52. 4	53. 3	54. 2	55. 16	56. 1	57. 3	58. 6	59. 5	60. 13

Page 23:

1. 2	2. 12	3. 2	4. 3	5. 17	6. 19	7. 14	8. 6	9. 14	10. 10
11. 16	12. 8	13. 14	14. 3	15. 1	16. 1	17. 5	18. 3	19. 13	20. 4
21. 8	22. 2	23. 2	24. 10	25. 9	26. 9	27. 6	28. 9	29. 7	30. 2
31. 2	32. 6	33. 8	34. 1	35. 1	36. 6	37. 1	38. 6	39. 17	40. 7
41. 13	42. 5	43. 15	44. 0	45. 18	46. 13	47. 2	48. 10	49. 4	50. 6
51. 7	52. 9	53. 7	54. 4	55. 4	56. 5	57. 10	58. 12	59. 4	60. 16

Page 24:

1. 2	2. 4	3. 0	4. 11	5. 6	6. 2	7. 19	8. 2	9. 4	10. 8
11. 9	12. 1	13. 8	14. 8	15. 9	16. 12	17. 13	18. 9	19. 7	20. 15
21. 7	22. 11	23. 5	24. 8	25. 6	26. 8	27. 18	28. 2	29. 1	30. 4
31. 3	32. 0	33. 16	34. 1	35. 5	36. 16	37. 1	38. 5	39. 8	40. 5
41. 2	42. 1	43. 11	44. 8	45. 4	46. 6	47. 11	48. 2	49. 11	50. 12
51. 12	52. 10	53. 1	54. 6	55. 0	56. 12	57. 10	58. 7	59. 3	60. 6

Page 25:

1. 4	2. 3	3. 11	4. 3	5. 7	6. 7	7. 1	8. 4	9. 20	10. 3
11. 5	12. 16	13. 9	14. 3	15. 3	16. 7	17. 5	18. 5	19. 7	20. 12
21. 15	22. 1	23. 13	24. 4	25. 8	26. 5	27. 10	28. 4	29. 15	30. 3
31. 8	32. 9	33. 6	34. 2	35. 4	36. 1	37. 3	38. 0	39. 1	40. 13
41. 13	42. 0	43. 10	44. 3	45. 0	46. 12	47. 6	48. 1	49. 13	50. 13
51. 3	52. 0	53. 3	54. 11	55. 4	56. 17	57. 7	58. 7	59. 6	60. 10

Page 26:

1. 4	2. 1	3. 7	4. 5	5. 16	6. 2	7. 16	8. 2	9. 4	10. 11
11. 0	12. 8	13. 0	14. 10	15. 11	16. 13	17. 1	18. 9	19. 6	20. 1
21. 12	22. 5	23. 4	24. 3	25. 7	26. 7	27. 17	28. 12	29. 16	30. 1
31. 14	32. 17	33. 3	34. 1	35. 11	36. 2	37. 7	38. 11	39. 1	40. 18
41. 3	42. 5	43. 0	44. 12	45. 3	46. 13	47. 5	48. 0	49. 7	50. 6
51. 12	52. 7	53. 4	54. 8	55. 6	56. 0	57. 2	58. 1	59. 1	60. 0

Page 27:

1. 11	2. 6	3. 2	4. 4	5. 6	6. 7	7. 8	8. 5	9. 2	10. 1
11. 6	12. 4	13. 0	14. 4	15. 11	16. 6	17. 2	18. 2	19. 5	20. 5
21. 3	22. 0	23. 3	24. 19	25. 15	26. 8	27. 12	28. 4	29. 13	30. 9
31. 6	32. 7	33. 11	34. 8	35. 16	36. 4	37. 6	38. 13	39. 0	40. 10
41. 12	42. 16	43. 10	44. 0	45. 11	46. 8	47. 6	48. 14	49. 12	50. 9
51. 0	52. 15	53. 11	54. 1	55. 11	56. 11	57. 4	58. 0	59. 11	60. 5

Page 28:

1. 10	2. 8	3. 2	4. 1	5. 11	6. 7	7. 13	8. 4	9. 2	10. 2
11. 6	12. 5	13. 14	14. 7	15. 1	16. 6	17. 1	18. 5	19. 16	20. 6
21. 1	22. 9	23. 18	24. 7	25. 13	26. 3	27. 13	28. 3	29. 7	30. 1
31. 8	32. 12	33. 2	34. 3	35. 8	36. 17	37. 5	38. 2	39. 2	40. 6
41. 0	42. 5	43. 5	44. 3	45. 2	46. 9	47. 1	48. 5	49. 5	50. 4
51. 3	52. 5	53. 1	54. 2	55. 2	56. 2	57. 5	58. 11	59. 2	60. 4

Page 29:

1. 17	2. 12	3. 2	4. 8	5. 15	6. 7	7. 12	8. 6	9. 0	10. 0
11. 7	12. 3	13. 16	14. 5	15. 0	16. 12	17. 8	18. 3	19. 17	20. 17
21. 16	22. 1	23. 1	24. 11	25. 8	26. 3	27. 15	28. 0	29. 9	30. 3
31. 19	32. 7	33. 8	34. 5	35. 12	36. 5	37. 16	38. 3	39. 12	40. 5
41. 8	42. 4	43. 5	44. 3	45. 5	46. 0	47. 4	48. 1	49. 7	50. 0
51. 7	52. 1	53. 5	54. 3	55. 1	56. 5	57. 4	58. 0	59. 2	60. 7

Page 30:

1. 5	2. 5	3. 3	4. 0	5. 14	6. 10	7. 10	8. 9	9. 9	10. 4
11. 8	12. 15	13. 11	14. 14	15. 1	16. 10	17. 2	18. 3	19. 6	20. 2
21. 15	22. 2	23. 6	24. 6	25. 5	26. 5	27. 5	28. 2	29. 8	30. 5
31. 15	32. 2	33. 2	34. 9	35. 3	36. 7	37. 9	38. 5	39. 1	40. 0
41. 6	42. 8	43. 6	44. 11	45. 2	46. 1	47. 1	48. 13	49. 11	50. 2
51. 12	52. 13	53. 11	54. 1	55. 4	56. 0	57. 8	58. 14	59. 8	60. 8

Page 31:

1. 13	2. 3	3. 3	4. 3	5. 13	6. 3	7. 9	8. 16	9. 2	10. 3
11. 8	12. 15	13. 18	14. 8	15. 8	16. 8	17. 7	18. 7	19. 16	20. 16
21. 16	22. 11	23. 10	24. 14	25. 2	26. 3	27. 8	28. 5	29. 6	30. 1
31. 13	32. 10	33. 3	34. 9	35. 4	36. 3	37. 2	38. 3	39. 12	40. 4
41. 9	42. 4	43. 1	44. 3	45. 1	46. 0	47. 5	48. 10	49. 11	50. 7
51. 0	52. 4	53. 7	54. 6	55. 1	56. 3	57. 8	58. 19	59. 8	60. 5

Page 32:

1. 12	2. 9	3. 6	4. 15	5. 12	6. 2	7. 11	8. 2	9. 2	10. 1
11. 2	12. 1	13. 10	14. 0	15. 9	16. 17	17. 8	18. 1	19. 10	20. 4
21. 3	22. 7	23. 6	24. 7	25. 12	26. 8	27. 12	28. 14	29. 2	30. 3
31. 16	32. 5	33. 16	34. 6	35. 13	36. 7	37. 17	38. 5	39. 11	40. 13
41. 1	42. 13	43. 7	44. 8	45. 12	46. 11	47. 7	48. 13	49. 10	50. 1
51. 11	52. 12	53. 12	54. 9	55. 3	56. 0	57. 0	58. 7	59. 6	60. 14

Page 33:

1. 0	2. 1	3. 3	4. 2	5. 3	6. 5	7. 7	8. 1	9. 15	10. 7
11. 3	12. 1	13. 13	14. 6	15. 8	16. 5	17. 12	18. 10	19. 2	20. 3
21. 8	22. 3	23. 6	24. 5	25. 1	26. 0	27. 7	28. 2	29. 6	30. 13
31. 2	32. 7	33. 6	34. 15	35. 0	36. 10	37. 8	38. 14	39. 1	40. 10
41. 8	42. 14	43. 10	44. 10	45. 2	46. 3	47. 6	48. 11	49. 3	50. 7
51. 7	52. 5	53. 12	54. 4	55. 1	56. 11	57. 5	58. 10	59. 7	60. 7

Page 34:

1. 4	2. 1	3. 8	4. 12	5. 2	6. 13	7. 1	8. 6	9. 2	10. 0
11. 13	12. 2	13. 4	14. 18	15. 15	16. 6	17. 3	18. 13	19. 15	20. 6
21. 7	22. 4	23. 15	24. 8	25. 4	26. 11	27. 17	28. 0	29. 12	30. 2
31. 18	32. 17	33. 7	34. 16	35. 18	36. 7	37. 6	38. 10	39. 16	40. 17
41. 11	42. 7	43. 12	44. 2	45. 8	46. 7	47. 0	48. 4	49. 6	50. 8
51. 4	52. 1	53. 18	54. 9	55. 0	56. 10	57. 2	58. 8	59. 4	60. 18

Page 35:

1. 10	2. 9	3. 8	4. 5	5. 0	6. 10	7. 2	8. 6	9. 10	10. 5
11. 0	12. 2	13. 7	14. 13	15. 2	16. 12	17. 2	18. 2	19. 1	20. 6
21. 12	22. 8	23. 9	24. 12	25. 15	26. 11	27. 6	28. 4	29. 8	30. 7
31. 15	32. 17	33. 14	34. 10	35. 5	36. 11	37. 2	38. 3	39. 2	40. 2
41. 18	42. 2	43. 10	44. 13	45. 4	46. 2	47. 11	48. 12	49. 8	50. 9
51. 18	52. 4	53. 19	54. 8	55. 10	56. 9	57. 0	58. 14	59. 15	60. 16

Page 36:

1. 9	2. 6	3. 12	4. 12	5. 11	6. 4	7. 1	8. 9	9. 19	10. 2
11. 1	12. 0	13. 8	14. 10	15. 4	16. 12	17. 3	18. 2	19. 4	20. 8
21. 7	22. 2	23. 12	24. 12	25. 4	26. 4	27. 4	28. 4	29. 8	30. 10
31. 6	32. 18	33. 16	34. 8	35. 4	36. 4	37. 5	38. 12	39. 16	40. 4
41. 8	42. 15	43. 10	44. 1	45. 7	46. 8	47. 13	48. 3	49. 12	50. 4
51. 8	52. 8	53. 1	54. 0	55. 11	56. 4	57. 7	58. 3	59. 13	60. 7

Page 37:

1. 1	2. 0	3. 10	4. 15	5. 6	6. 6	7. 11	8. 20	9. 0	10. 8
11. 9	12. 13	13. 4	14. 9	15. 0	16. 1	17. 5	18. 7	19. 0	20. 12
21. 1	22. 2	23. 7	24. 2	25. 2	26. 4	27. 0	28. 12	29. 10	30. 9
31. 1	32. 1	33. 1	34. 14	35. 4	36. 13	37. 4	38. 13	39. 12	40. 7
41. 11	42. 3	43. 7	44. 7	45. 9	46. 3	47. 12	48. 1	49. 8	50. 3
51. 10	52. 3	53. 5	54. 0	55. 5	56. 16	57. 2	58. 4	59. 13	60. 4

Page 38:

1. 3	2. 6	3. 7	4. 9	5. 4	6. 7	7. 10	8. 5	9. 3	10. 0
11. 7	12. 9	13. 19	14. 11	15. 9	16. 16	17. 3	18. 8	19. 6	20. 18
21. 8	22. 1	23. 14	24. 5	25. 10	26. 6	27. 1	28. 2	29. 12	30. 12
31. 1	32. 1	33. 11	34. 8	35. 5	36. 2	37. 12	38. 0	39. 11	40. 6
41. 10	42. 11	43. 1	44. 9	45. 5	46. 1	47. 4	48. 10	49. 5	50. 14
51. 6	52. 7	53. 14	54. 16	55. 13	56. 13	57. 18	58. 4	59. 11	60. 14

Page 39:

1. 10	2. 11	3. 12	4. 0	5. 6	6. 13	7. 4	8. 1	9. 0	10. 9
11. 4	12. 8	13. 3	14. 17	15. 7	16. 4	17. 1	18. 2	19. 9	20. 8
21. 6	22. 8	23. 10	24. 0	25. 7	26. 12	27. 4	28. 15	29. 8	30. 10
31. 1	32. 9	33. 0	34. 4	35. 2	36. 13	37. 5	38. 10	39. 7	40. 1
41. 12	42. 12	43. 3	44. 17	45. 8	46. 10	47. 14	48. 16	49. 12	50. 2
51. 10	52. 4	53. 7	54. 7	55. 1	56. 11	57. 1	58. 2	59. 5	60. 2

Page 40:

1. 9	2. 1	3. 14	4. 9	5. 4	6. 0	7. 8	8. 4	9. 4	10. 2
11. 7	12. 0	13. 15	14. 3	15. 8	16. 1	17. 13	18. 3	19. 7	20. 6
21. 2	22. 11	23. 4	24. 1	25. 12	26. 4	27. 11	28. 18	29. 4	30. 6
31. 6	32. 7	33. 4	34. 7	35. 14	36. 5	37. 1	38. 13	39. 10	40. 2
41. 6	42. 2	43. 2	44. 2	45. 9	46. 12	47. 8	48. 13	49. 2	50. 5
51. 5	52. 1	53. 11	54. 4	55. 2	56. 1	57. 4	58. 5	59. 1	60. 16

Page 41:

1. 6	2. 5	3. 1	4. 2	5. 15	6. 4	7. 0	8. 13	9. 8	10. 2
11. 12	12. 0	13. 5	14. 0	15. 13	16. 9	17. 18	18. 7	19. 12	20. 2
21. 8	22. 4	23. 14	24. 1	25. 7	26. 2	27. 1	28. 0	29. 0	30. 13
31. 0	32. 17	33. 1	34. 6	35. 4	36. 8	37. 17	38. 9	39. 7	40. 18
41. 4	42. 0	43. 1	44. 5	45. 3	46. 5	47. 7	48. 2	49. 5	50. 0
51. 2	52. 5	53. 2	54. 1	55. 4	56. 16	57. 11	58. 20	59. 7	60. 9

Page 42:

1. 14	2. 5	3. 5	4. 16	5. 2	6. 4	7. 1	8. 7	9. 7	10. 0
11. 14	12. 5	13. 4	14. 19	15. 4	16. 8	17. 10	18. 17	19. 0	20. 3
21. 0	22. 11	23. 9	24. 1	25. 7	26. 19	27. 9	28. 3	29. 15	30. 6
31. 8	32. 5	33. 3	34. 12	35. 16	36. 3	37. 10	38. 9	39. 3	40. 9
41. 2	42. 16	43. 3	44. 6	45. 1	46. 4	47. 10	48. 1	49. 18	50. 12
51. 15	52. 14	53. 6	54. 8	55. 4	56. 0	57. 10	58. 3	59. 7	60. 14

Page 43:

1. 9	2. 5	3. 5	4. 1	5. 0	6. 3	7. 1	8. 10	9. 14	10. 9
11. 3	12. 2	13. 20	14. 1	15. 5	16. 10	17. 6	18. 15	19. 5	20. 19
21. 16	22. 8	23. 19	24. 6	25. 11	26. 3	27. 9	28. 1	29. 3	30. 10
31. 10	32. 19	33. 5	34. 6	35. 10	36. 6	37. 19	38. 2	39. 2	40. 4
41. 11	42. 3	43. 12	44. 2	45. 10	46. 8	47. 17	48. 11	49. 15	50. 0
51. 8	52. 10	53. 6	54. 2	55. 10	56. 11	57. 4	58. 10	59. 2	60. 0

Page 44:

1. 12	2. 9	3. 0	4. 11	5. 13	6. 7	7. 16	8. 2	9. 7	10. 5
11. 8	12. 1	13. 4	14. 2	15. 5	16. 8	17. 17	18. 9	19. 7	20. 3
21. 19	22. 13	23. 0	24. 3	25. 8	26. 4	27. 18	28. 8	29. 1	30. 10
31. 7	32. 3	33. 8	34. 4	35. 3	36. 16	37. 11	38. 1	39. 4	40. 11
41. 6	42. 8	43. 4	44. 7	45. 5	46. 15	47. 14	48. 14	49. 3	50. 17
51. 1	52. 1	53. 16	54. 2	55. 10	56. 6	57. 0	58. 1	59. 7	60. 3

Page 45:

1. 3	2. 11	3. 9	4. 11	5. 7	6. 5	7. 14	8. 7	9. 2	10. 2
11. 9	12. 15	13. 5	14. 4	15. 4	16. 12	17. 4	18. 9	19. 11	20. 5
21. 8	22. 11	23. 2	24. 7	25. 1	26. 1	27. 15	28. 4	29. 6	30. 5
31. 15	32. 3	33. 16	34. 4	35. 8	36. 12	37. 8	38. 19	39. 2	40. 12
41. 6	42. 4	43. 1	44. 3	45. 10	46. 4	47. 1	48. 4	49. 2	50. 9
51. 13	52. 7	53. 10	54. 5	55. 3	56. 6	57. 7	58. 17	59. 10	60. 1

Page 46:

1. 6	2. 13	3. 1	4. 0	5. 6	6. 9	7. 12	8. 7	9. 4	10. 8
11. 2	12. 5	13. 18	14. 0	15. 5	16. 6	17. 7	18. 12	19. 2	20. 8
21. 12	22. 1	23. 6	24. 5	25. 7	26. 5	27. 0	28. 9	29. 0	30. 2
31. 5	32. 15	33. 9	34. 8	35. 8	36. 9	37. 2	38. 9	39. 8	40. 5
41. 12	42. 2	43. 3	44. 6	45. 15	46. 0	47. 3	48. 16	49. 2	50. 6
51. 1	52. 15	53. 6	54. 1	55. 12	56. 18	57. 4	58. 12	59. 8	60. 4

Page 47:

1. 1	2. 4	3. 4	4. 12	5. 7	6. 11	7. 1	8. 14	9. 3	10. 8
11. 7	12. 20	13. 14	14. 2	15. 1	16. 1	17. 5	18. 10	19. 0	20. 2
21. 2	22. 5	23. 4	24. 2	25. 14	26. 2	27. 8	28. 8	29. 3	30. 10
31. 7	32. 5	33. 8	34. 8	35. 1	36. 6	37. 1	38. 5	39. 7	40. 3
41. 7	42. 4	43. 6	44. 1	45. 1	46. 15	47. 0	48. 1	49. 5	50. 8
51. 13	52. 6	53. 2	54. 10	55. 10	56. 19	57. 1	58. 6	59. 2	60. 9

Page 48:

1. 7	2. 7	3. 6	4. 4	5. 6	6. 14	7. 4	8. 13	9. 0	10. 15
11. 6	12. 12	13. 0	14. 7	15. 5	16. 5	17. 15	18. 10	19. 7	20. 5
21. 9	22. 2	23. 1	24. 1	25. 16	26. 13	27. 4	28. 2	29. 16	30. 3
31. 6	32. 11	33. 14	34. 5	35. 3	36. 4	37. 3	38. 16	39. 0	40. 12
41. 3	42. 12	43. 11	44. 2	45. 2	46. 10	47. 15	48. 2	49. 7	50. 2
51. 9	52. 6	53. 5	54. 13	55. 11	56. 14	57. 11	58. 14	59. 9	60. 4

Page 49:

1. 5	2. 10	3. 4	4. 7	5. 0	6. 1	7. 3	8. 11	9. 1	10. 17
11. 13	12. 9	13. 3	14. 0	15. 2	16. 7	17. 15	18. 5	19. 5	20. 4
21. 9	22. 4	23. 13	24. 16	25. 1	26. 3	27. 12	28. 1	29. 11	30. 9
31. 9	32. 17	33. 3	34. 1	35. 4	36. 3	37. 8	38. 11	39. 7	40. 1
41. 6	42. 1	43. 8	44. 12	45. 2	46. 0	47. 2	48. 7	49. 2	50. 1
51. 2	52. 5	53. 4	54. 3	55. 2	56. 3	57. 18	58. 10	59. 10	60. 15

Page 50:

1. 1	2. 0	3. 1	4. 1	5. 1	6. 0	7. 0	8. 2	9. 8	10. 12
11. 17	12. 1	13. 1	14. 6	15. 1	16. 4	17. 3	18. 0	19. 0	20. 5
21. 1	22. 5	23. 9	24. 1	25. 4	26. 0	27. 0	28. 13	29. 0	30. 3
31. 15	32. 10	33. 5	34. 11	35. 6	36. 11	37. 15	38. 13	39. 19	40. 6
41. 8	42. 1	43. 9	44. 10	45. 8	46. 10	47. 3	48. 2	49. 1	50. 0
51. 14	52. 0	53. 3	54. 1	55. 18	56. 11	57. 10	58. 10	59. 3	60. 1

Page 51:

1. 19	2. 35	3. 68	4. 32	5. 3	6. 58	7. 2	8. 27	9. 40	10. 29
11. 58	12. 22	13. 33	14. 10	15. 42	16. 10	17. 23	18. 42	19. 56	20. 38
21. 16	22. 62	23. 14	24. 27	25. 52	26. 66	27. 1	28. 63	29. 5	30. 54
31. 3	32. 20	33. 36	34. 16	35. 0	36. 16	37. 61	38. 7	39. 2	40. 34
41. 7	42. 17	43. 53	44. 17	45. 13	46. 38	47. 16	48. 45	49. 5	50. 42
51. 48	52. 33	53. 48	54. 16	55. 15	56. 11	57. 27	58. 60	59. 65	60. 4

Page 52:

1. 29	2. 9	3. 55	4. 52	5. 36	6. 48	7. 14	8. 18	9. 19	10. 53
11. 1	12. 18	13. 8	14. 51	15. 24	16. 38	17. 70	18. 6	19. 51	20. 4
21. 5	22. 26	23. 60	24. 33	25. 18	26. 11	27. 23	28. 23	29. 5	30. 6
31. 25	32. 11	33. 29	34. 5	35. 6	36. 16	37. 48	38. 25	39. 6	40. 0
41. 37	42. 69	43. 25	44. 12	45. 23	46. 22	47. 3	48. 54	49. 15	50. 37
51. 43	52. 17	53. 1	54. 13	55. 18	56. 58	57. 15	58. 55	59. 41	60. 69

Page 53:

1. 13	2. 73	3. 42	4. 66	5. 20	6. 22	7. 2	8. 25	9. 63	10. 52
11. 37	12. 6	13. 60	14. 14	15. 39	16. 51	17. 3	18. 30	19. 2	20. 76
21. 48	22. 5	23. 7	24. 10	25. 29	26. 4	27. 13	28. 0	29. 22	30. 2
31. 7	32. 0	33. 9	34. 12	35. 10	36. 30	37. 18	38. 10	39. 65	40. 4
41. 11	42. 3	43. 13	44. 4	45. 48	46. 12	47. 17	48. 40	49. 56	50. 28
51. 43	52. 12	53. 2	54. 55	55. 18	56. 4	57. 27	58. 22	59. 49	60. 27

Page 54:

1. 22	2. 16	3. 14	4. 15	5. 12	6. 40	7. 72	8. 65	9. 45	10. 78
11. 24	12. 14	13. 12	14. 39	15. 20	16. 12	17. 17	18. 5	19. 81	20. 38
21. 19	22. 18	23. 27	24. 54	25. 38	26. 20	27. 39	28. 28	29. 14	30. 53
31. 43	32. 2	33. 24	34. 52	35. 48	36. 72	37. 4	38. 4	39. 15	40. 2
41. 44	42. 8	43. 15	44. 27	45. 38	46. 22	47. 51	48. 51	49. 19	50. 35
51. 12	52. 31	53. 21	54. 35	55. 1	56. 41	57. 53	58. 14	59. 32	60. 28

Page 55:

1. 22 2. 19 3. 10 4. 11 5. 4 6. 12 7. 55 8. 25 9. 16 10. 12
11. 1 12. 36 13. 13 14. 30 15. 35 16. 20 17. 19 18. 20 19. 7 20. 22
21. 39 22. 24 23. 35 24. 3 25. 1 26. 8 27. 42 28. 14 29. 63 30. 3
31. 21 32. 20 33. 30 34. 36 35. 6 36. 53 37. 29 38. 56 39. 15 40. 21
41. 22 42. 14 43. 15 44. 2 45. 7 46. 30 47. 3 48. 31 49. 39 50. 15
51. 55 52. 68 53. 12 54. 17 55. 69 56. 50 57. 21 58. 15 59. 31 60. 26

Page 56:

1. 45 2. 14 3. 33 4. 46 5. 18 6. 56 7. 8 8. 34 9. 9 10. 23
11. 7 12. 34 13. 68 14. 1 15. 28 16. 57 17. 44 18. 4 19. 34 20. 3
21. 27 22. 80 23. 5 24. 63 25. 66 26. 26 27. 14 28. 24 29. 13 30. 7
31. 3 32. 28 33. 34 34. 14 35. 22 36. 15 37. 7 38. 2 39. 2 40. 45
41. 41 42. 6 43. 41 44. 63 45. 7 46. 2 47. 6 48. 43 49. 22 50. 3
51. 10 52. 9 53. 9 54. 3 55. 43 56. 45 57. 41 58. 27 59. 54 60. 6

Page 57:

1. 13 2. 23 3. 16 4. 7 5. 39 6. 80 7. 41 8. 60 9. 7 10. 16
11. 37 12. 20 13. 78 14. 83 15. 24 16. 52 17. 6 18. 3 19. 9 20. 12
21. 12 22. 31 23. 65 24. 22 25. 11 26. 17 27. 8 28. 3 29. 51 30. 9
31. 31 32. 19 33. 53 34. 3 35. 31 36. 33 37. 53 38. 37 39. 29 40. 8
41. 5 42. 29 43. 13 44. 35 45. 55 46. 5 47. 3 48. 33 49. 2 50. 10
51. 24 52. 76 53. 46 54. 61 55. 22 56. 53 57. 46 58. 26 59. 10 60. 28

Page 58:

1. 19 2. 11 3. 2 4. 17 5. 8 6. 31 7. 40 8. 56 9. 3 10. 14
11. 53 12. 70 13. 4 14. 18 15. 4 16. 15 17. 25 18. 43 19. 39 20. 2
21. 49 22. 25 23. 12 24. 80 25. 28 26. 3 27. 4 28. 49 29. 34 30. 17
31. 19 32. 23 33. 37 34. 37 35. 22 36. 2 37. 58 38. 1 39. 37 40. 3
41. 14 42. 35 43. 6 44. 30 45. 7 46. 13 47. 18 48. 39 49. 34 50. 9
51. 55 52. 8 53. 14 54. 22 55. 55 56. 67 57. 63 58. 12 59. 7 60. 40

Page 59:

1. 8 2. 11 3. 63 4. 47 5. 64 6. 48 7. 41 8. 13 9. 8 10. 42
11. 68 12. 35 13. 1 14. 34 15. 80 16. 14 17. 13 18. 25 19. 46 20. 39
21. 4 22. 5 23. 4 24. 20 25. 32 26. 21 27. 5 28. 25 29. 28 30. 15
31. 7 32. 28 33. 9 34. 57 35. 9 36. 16 37. 46 38. 36 39. 57 40. 22
41. 53 42. 9 43. 29 44. 3 45. 52 46. 36 47. 11 48. 66 49. 1 50. 12
51. 8 52. 33 53. 0 54. 17 55. 31 56. 26 57. 5 58. 2 59. 51 60. 32

Page 60:

1. 12 2. 30 3. 7 4. 52 5. 32 6. 55 7. 5 8. 55 9. 33 10. 24
11. 39 12. 4 13. 14 14. 55 15. 63 16. 43 17. 63 18. 63 19. 10 20. 48
21. 4 22. 56 23. 35 24. 54 25. 24 26. 23 27. 15 28. 39 29. 63 30. 19
31. 23 32. 36 33. 36 34. 25 35. 12 36. 4 37. 5 38. 58 39. 30 40. 47
41. 41 42. 9 43. 72 44. 23 45. 7 46. 49 47. 36 48. 41 49. 27 50. 10
51. 4 52. 40 53. 1 54. 39 55. 0 56. 55 57. 23 58. 44 59. 41 60. 21

Page 61:

1. 3	2. 29	3. 61	4. 32	5. 12	6. 71	7. 33	8. 42	9. 16	10. 42
11. 1	12. 64	13. 37	14. 26	15. 1	16. 40	17. 12	18. 7	19. 3	20. 40
21. 21	22. 64	23. 7	24. 78	25. 5	26. 18	27. 49	28. 55	29. 12	30. 30
31. 24	32. 32	33. 2	34. 61	35. 8	36. 15	37. 63	38. 30	39. 52	40. 22
41. 9	42. 57	43. 40	44. 25	45. 34	46. 29	47. 33	48. 25	49. 24	50. 11
51. 25	52. 49	53. 23	54. 28	55. 22	56. 39	57. 29	58. 40	59. 42	60. 15

Page 62:

1. 72	2. 51	3. 41	4. 46	5. 51	6. 20	7. 68	8. 37	9. 10	10. 73
11. 1	12. 69	13. 19	14. 36	15. 27	16. 68	17. 22	18. 33	19. 4	20. 24
21. 32	22. 31	23. 58	24. 65	25. 7	26. 1	27. 26	28. 24	29. 4	30. 16
31. 21	32. 65	33. 40	34. 40	35. 37	36. 27	37. 4	38. 41	39. 16	40. 29
41. 4	42. 59	43. 20	44. 60	45. 17	46. 0	47. 23	48. 51	49. 33	50. 12
51. 11	52. 10	53. 5	54. 47	55. 1	56. 63	57. 22	58. 46	59. 67	60. 24

Page 63:

1. 32	2. 64	3. 12	4. 51	5. 37	6. 42	7. 34	8. 7	9. 1	10. 1
11. 15	12. 60	13. 50	14. 9	15. 26	16. 54	17. 10	18. 27	19. 22	20. 59
21. 45	22. 19	23. 62	24. 8	25. 12	26. 32	27. 36	28. 25	29. 18	30. 48
31. 36	32. 49	33. 22	34. 2	35. 24	36. 8	37. 5	38. 8	39. 49	40. 22
41. 17	42. 10	43. 18	44. 14	45. 33	46. 26	47. 45	48. 30	49. 15	50. 39
51. 25	52. 1	53. 23	54. 32	55. 71	56. 50	57. 35	58. 25	59. 31	60. 26

Page 64:

1. 13	2. 25	3. 19	4. 29	5. 10	6. 14	7. 33	8. 52	9. 28	10. 65
11. 11	12. 38	13. 42	14. 60	15. 19	16. 51	17. 5	18. 11	19. 45	20. 67
21. 29	22. 10	23. 30	24. 61	25. 26	26. 36	27. 1	28. 15	29. 20	30. 37
31. 49	32. 57	33. 45	34. 45	35. 52	36. 23	37. 50	38. 31	39. 22	40. 49
41. 15	42. 13	43. 27	44. 16	45. 7	46. 27	47. 13	48. 13	49. 35	50. 11
51. 20	52. 44	53. 59	54. 20	55. 5	56. 43	57. 65	58. 16	59. 23	60. 54

Page 65:

1. 38	2. 42	3. 76	4. 22	5. 49	6. 8	7. 60	8. 5	9. 30	10. 54
11. 26	12. 45	13. 11	14. 14	15. 72	16. 26	17. 3	18. 24	19. 26	20. 5
21. 18	22. 36	23. 23	24. 22	25. 13	26. 25	27. 4	28. 47	29. 44	30. 12
31. 46	32. 68	33. 19	34. 21	35. 14	36. 24	37. 52	38. 13	39. 32	40. 5
41. 42	42. 25	43. 2	44. 3	45. 9	46. 3	47. 27	48. 2	49. 3	50. 1
51. 4	52. 20	53. 13	54. 4	55. 27	56. 47	57. 5	58. 32	59. 20	60. 48

Page 66:

1. 20	2. 49	3. 42	4. 6	5. 6	6. 4	7. 60	8. 4	9. 15	10. 85
11. 1	12. 0	13. 49	14. 77	15. 74	16. 10	17. 38	18. 68	19. 35	20. 52
21. 25	22. 31	23. 26	24. 61	25. 71	26. 21	27. 26	28. 20	29. 33	30. 35
31. 48	32. 32	33. 19	34. 20	35. 1	36. 34	37. 13	38. 5	39. 35	40. 33
41. 7	42. 25	43. 54	44. 20	45. 5	46. 12	47. 13	48. 45	49. 61	50. 4
51. 19	52. 9	53. 25	54. 24	55. 11	56. 59	57. 41	58. 28	59. 21	60. 31

Page 73:

1. 4	2. 44	3. 35	4. 32	5. 25	6. 63	7. 0	8. 14	9. 14	10. 55
11. 20	12. 17	13. 56	14. 11	15. 13	16. 51	17. 44	18. 30	19. 19	20. 13
21. 21	22. 2	23. 26	24. 16	25. 27	26. 24	27. 21	28. 37	29. 35	30. 42
31. 19	32. 29	33. 60	34. 1	35. 11	36. 40	37. 17	38. 47	39. 32	40. 19
41. 23	42. 36	43. 5	44. 9	45. 55	46. 24	47. 15	48. 14	49. 77	50. 16
51. 2	52. 54	53. 20	54. 45	55. 52	56. 22	57. 52	58. 12	59. 12	60. 31

Page 74:

1. 40	2. 67	3. 63	4. 29	5. 16	6. 10	7. 46	8. 19	9. 17	10. 5
11. 70	12. 37	13. 36	14. 20	15. 28	16. 14	17. 10	18. 33	19. 28	20. 12
21. 13	22. 77	23. 11	24. 3	25. 12	26. 9	27. 29	28. 39	29. 19	30. 44
31. 22	32. 31	33. 25	34. 21	35. 25	36. 65	37. 63	38. 15	39. 24	40. 30
41. 21	42. 18	43. 14	44. 9	45. 2	46. 28	47. 15	48. 69	49. 19	50. 12
51. 14	52. 28	53. 24	54. 33	55. 22	56. 13	57. 26	58. 40	59. 33	60. 52

Page 75:

1. 67	2. 9	3. 10	4. 27	5. 43	6. 14	7. 22	8. 59	9. 35	10. 37
11. 11	12. 54	13. 52	14. 24	15. 41	16. 51	17. 27	18. 2	19. 12	20. 3
21. 52	22. 2	23. 2	24. 16	25. 15	26. 6	27. 46	28. 17	29. 73	30. 42
31. 0	32. 19	33. 9	34. 22	35. 16	36. 44	37. 27	38. 3	39. 35	40. 51
41. 29	42. 46	43. 21	44. 35	45. 34	46. 27	47. 52	48. 33	49. 44	50. 75
51. 34	52. 33	53. 14	54. 6	55. 11	56. 11	57. 11	58. 4	59. 58	60. 24

Page 76:

1. 11	2. 26	3. 55	4. 37	5. 75	6. 43	7. 7	8. 39	9. 83	10. 82
11. 14	12. 36	13. 15	14. 7	15. 33	16. 11	17. 4	18. 48	19. 15	20. 27
21. 18	22. 20	23. 8	24. 38	25. 20	26. 8	27. 60	28. 6	29. 66	30. 22
31. 19	32. 33	33. 17	34. 43	35. 35	36. 0	37. 9	38. 29	39. 17	40. 49
41. 67	42. 7	43. 2	44. 56	45. 8	46. 3	47. 21	48. 13	49. 61	50. 41
51. 5	52. 30	53. 39	54. 14	55. 6	56. 15	57. 4	58. 41	59. 54	60. 15

Page 77:

1. 28	2. 18	3. 60	4. 9	5. 43	6. 66	7. 6	8. 30	9. 26	10. 79
11. 3	12. 24	13. 24	14. 70	15. 46	16. 9	17. 16	18. 3	19. 5	20. 7
21. 12	22. 55	23. 5	24. 13	25. 47	26. 29	27. 24	28. 12	29. 12	30. 15
31. 3	32. 27	33. 7	34. 35	35. 33	36. 39	37. 30	38. 8	39. 5	40. 37
41. 25	42. 4	43. 29	44. 18	45. 64	46. 24	47. 1	48. 47	49. 49	50. 15
51. 12	52. 13	53. 34	54. 9	55. 34	56. 9	57. 6	58. 45	59. 34	60. 27

Page 78:

1. 46	2. 19	3. 34	4. 14	5. 49	6. 2	7. 32	8. 40	9. 73	10. 11
11. 19	12. 59	13. 50	14. 21	15. 17	16. 75	17. 58	18. 46	19. 8	20. 53
21. 26	22. 20	23. 21	24. 30	25. 8	26. 35	27. 41	28. 11	29. 9	30. 4
31. 43	32. 22	33. 38	34. 36	35. 2	36. 28	37. 28	38. 26	39. 26	40. 20
41. 27	42. 6	43. 59	44. 25	45. 7	46. 13	47. 50	48. 11	49. 16	50. 4
51. 59	52. 25	53. 45	54. 1	55. 17	56. 6	57. 46	58. 44	59. 13	60. 2

Page 79:

1. 85	2. 70	3. 35	4. 19	5. 53	6. 1	7. 35	8. 28	9. 50	10. 68
11. 27	12. 40	13. 7	14. 34	15. 3	16. 33	17. 30	18. 28	19. 36	20. 8
21. 32	22. 31	23. 13	24. 37	25. 10	26. 6	27. 42	28. 56	29. 28	30. 39
31. 19	32. 3	33. 45	34. 5	35. 23	36. 4	37. 8	38. 7	39. 48	40. 2
41. 49	42. 32	43. 15	44. 1	45. 23	46. 26	47. 47	48. 2	49. 44	50. 2
51. 10	52. 27	53. 40	54. 15	55. 12	56. 47	57. 1	58. 8	59. 20	60. 48

Page 80:

1. 10	2. 20	3. 40	4. 6	5. 37	6. 9	7. 12	8. 14	9. 8	10. 17
11. 2	12. 36	13. 2	14. 49	15. 29	16. 50	17. 46	18. 19	19. 43	20. 48
21. 44	22. 5	23. 52	24. 2	25. 26	26. 37	27. 4	28. 15	29. 5	30. 16
31. 38	32. 58	33. 7	34. 6	35. 16	36. 25	37. 32	38. 3	39. 29	40. 8
41. 23	42. 14	43. 10	44. 33	45. 17	46. 40	47. 20	48. 22	49. 28	50. 12
51. 9	52. 2	53. 23	54. 16	55. 31	56. 11	57. 10	58. 3	59. 40	60. 60

Page 81:

1. 23	2. 35	3. 1	4. 55	5. 20	6. 29	7. 18	8. 39	9. 25	10. 15
11. 13	12. 27	13. 15	14. 58	15. 1	16. 71	17. 57	18. 25	19. 27	20. 3
21. 45	22. 45	23. 11	24. 42	25. 63	26. 40	27. 24	28. 6	29. 27	30. 23
31. 12	32. 3	33. 40	34. 2	35. 41	36. 46	37. 18	38. 21	39. 58	40. 29
41. 36	42. 18	43. 7	44. 6	45. 27	46. 9	47. 34	48. 12	49. 5	50. 11
51. 54	52. 19	53. 14	54. 16	55. 56	56. 10	57. 7	58. 4	59. 12	60. 49

Page 82:

1. 13	2. 38	3. 54	4. 49	5. 8	6. 13	7. 1	8. 34	9. 17	10. 7
11. 3	12. 11	13. 83	14. 20	15. 25	16. 11	17. 23	18. 55	19. 19	20. 11
21. 7	22. 42	23. 1	24. 8	25. 57	26. 4	27. 8	28. 17	29. 34	30. 21
31. 19	32. 4	33. 41	34. 25	35. 24	36. 2	37. 12	38. 2	39. 10	40. 22
41. 21	42. 17	43. 25	44. 20	45. 18	46. 60	47. 50	48. 50	49. 63	50. 47
51. 14	52. 26	53. 43	54. 2	55. 47	56. 6	57. 55	58. 8	59. 17	60. 15

Page 83:

1. 13	2. 47	3. 51	4. 34	5. 34	6. 24	7. 23	8. 19	9. 71	10. 10
11. 47	12. 55	13. 21	14. 31	15. 19	16. 50	17. 45	18. 46	19. 32	20. 49
21. 51	22. 2	23. 54	24. 8	25. 29	26. 33	27. 29	28. 29	29. 46	30. 2
31. 29	32. 50	33. 58	34. 26	35. 13	36. 23	37. 19	38. 8	39. 45	40. 7
41. 60	42. 27	43. 2	44. 65	45. 40	46. 37	47. 58	48. 15	49. 37	50. 5
51. 55	52. 0	53. 1	54. 67	55. 3	56. 44	57. 9	58. 65	59. 1	60. 33

Page 84:

1. 30	2. 2	3. 11	4. 4	5. 18	6. 14	7. 80	8. 29	9. 33	10. 12
11. 15	12. 38	13. 6	14. 31	15. 3	16. 2	17. 68	18. 8	19. 2	20. 15
21. 36	22. 3	23. 52	24. 24	25. 50	26. 33	27. 6	28. 27	29. 5	30. 15
31. 40	32. 55	33. 8	34. 64	35. 11	36. 25	37. 16	38. 3	39. 5	40. 13
41. 6	42. 4	43. 7	44. 53	45. 0	46. 36	47. 16	48. 1	49. 30	50. 37
51. 23	52. 2	53. 1	54. 23	55. 16	56. 10	57. 18	58. 21	59. 14	60. 28

Page 85:

1. 4	2. 7	3. 18	4. 47	5. 6	6. 63	7. 9	8. 41	9. 7	10. 24
11. 51	12. 59	13. 36	14. 46	15. 13	16. 51	17. 8	18. 40	19. 65	20. 12
21. 24	22. 12	23. 5	24. 6	25. 37	26. 12	27. 56	28. 48	29. 23	30. 36
31. 2	32. 30	33. 21	34. 14	35. 38	36. 13	37. 49	38. 3	39. 48	40. 11
41. 13	42. 15	43. 9	44. 16	45. 12	46. 38	47. 54	48. 11	49. 11	50. 62
51. 57	52. 28	53. 11	54. 19	55. 19	56. 34	57. 14	58. 10	59. 17	60. 43

Page 86:

1. 74	2. 5	3. 1	4. 8	5. 11	6. 7	7. 35	8. 47	9. 1	10. 66
11. 2	12. 6	13. 10	14. 19	15. 31	16. 62	17. 24	18. 5	19. 21	20. 66
21. 66	22. 35	23. 50	24. 14	25. 16	26. 24	27. 12	28. 45	29. 33	30. 7
31. 61	32. 37	33. 14	34. 2	35. 53	36. 22	37. 0	38. 20	39. 65	40. 19
41. 4	42. 52	43. 20	44. 24	45. 9	46. 4	47. 30	48. 37	49. 9	50. 13
51. 5	52. 1	53. 33	54. 15	55. 19	56. 35	57. 13	58. 35	59. 55	60. 9

Page 87:

1. 6	2. 37	3. 55	4. 77	5. 17	6. 49	7. 12	8. 40	9. 35	10. 16
11. 4	12. 26	13. 7	14. 53	15. 22	16. 38	17. 74	18. 3	19. 54	20. 47
21. 26	22. 26	23. 22	24. 9	25. 16	26. 3	27. 31	28. 23	29. 10	30. 0
31. 1	32. 47	33. 17	34. 47	35. 17	36. 36	37. 57	38. 34	39. 25	40. 15
41. 21	42. 11	43. 43	44. 20	45. 7	46. 61	47. 18	48. 37	49. 38	50. 26
51. 42	52. 4	53. 5	54. 54	55. 3	56. 27	57. 24	58. 3	59. 21	60. 1

Page 88:

1. 11	2. 13	3. 4	4. 47	5. 69	6. 23	7. 48	8. 25	9. 1	10. 50
11. 20	12. 19	13. 85	14. 1	15. 87	16. 4	17. 41	18. 3	19. 40	20. 8
21. 23	22. 23	23. 21	24. 52	25. 82	26. 42	27. 50	28. 0	29. 23	30. 4
31. 25	32. 21	33. 0	34. 15	35. 23	36. 7	37. 20	38. 10	39. 28	40. 28
41. 10	42. 57	43. 16	44. 39	45. 6	46. 30	47. 13	48. 66	49. 20	50. 3
51. 23	52. 54	53. 10	54. 17	55. 30	56. 60	57. 40	58. 31	59. 12	60. 4

Page 89:

1. 15	2. 27	3. 62	4. 8	5. 19	6. 31	7. 77	8. 34	9. 3	10. 22
11. 36	12. 29	13. 31	14. 47	15. 6	16. 16	17. 22	18. 45	19. 17	20. 10
21. 26	22. 25	23. 18	24. 20	25. 49	26. 8	27. 5	28. 2	29. 23	30. 10
31. 5	32. 19	33. 2	34. 70	35. 14	36. 55	37. 38	38. 8	39. 10	40. 15
41. 14	42. 18	43. 46	44. 6	45. 8	46. 9	47. 40	48. 4	49. 61	50. 67
51. 8	52. 18	53. 23	54. 39	55. 46	56. 46	57. 11	58. 16	59. 2	60. 22

Page 90:

1. 36	2. 48	3. 53	4. 6	5. 15	6. 4	7. 42	8. 6	9. 1	10. 60
11. 7	12. 25	13. 3	14. 30	15. 62	16. 10	17. 27	18. 41	19. 0	20. 12
21. 65	22. 25	23. 17	24. 65	25. 25	26. 51	27. 63	28. 29	29. 22	30. 10
31. 8	32. 12	33. 11	34. 14	35. 11	36. 14	37. 23	38. 47	39. 18	40. 21
41. 28	42. 1	43. 58	44. 53	45. 43	46. 24	47. 35	48. 1	49. 36	50. 6
51. 3	52. 10	53. 4	54. 7	55. 36	56. 19	57. 10	58. 13	59. 0	60. 6

Page 91:

1. 1   2. 0   3. 14   4. 62   5. 7   6. 10   7. 67   8. 3   9. 9   10. 33
11. 46   12. 21   13. 17   14. 24   15. 68   16. 39   17. 40   18. 7   19. 29   20. 55
21. 18   22. 40   23. 22   24. 13   25. 23   26. 40   27. 36   28. 16   29. 17   30. 20
31. 34   32. 16   33. 48   34. 31   35. 47   36. 15   37. 3   38. 21   39. 35   40. 3
41. 24   42. 67   43. 21   44. 51   45. 3   46. 10   47. 64   48. 20   49. 58   50. 32
51. 14   52. 17   53. 54   54. 21   55. 3   56. 1   57. 7   58. 33   59. 18   60. 16

Page 92:

1. 13   2. 13   3. 56   4. 5   5. 18   6. 13   7. 9   8. 55   9. 21   10. 42
11. 41   12. 35   13. 26   14. 17   15. 32   16. 61   17. 48   18. 11   19. 50   20. 14
21. 21   22. 34   23. 4   24. 48   25. 3   26. 13   27. 39   28. 11   29. 16   30. 50
31. 9   32. 8   33. 53   34. 67   35. 9   36. 43   37. 57   38. 14   39. 26   40. 20
41. 25   42. 3   43. 1   44. 9   45. 25   46. 25   47. 9   48. 37   49. 0   50. 33
51. 38   52. 31   53. 45   54. 32   55. 8   56. 32   57. 26   58. 13   59. 60   60. 10

Page 93:

1. 17   2. 53   3. 33   4. 67   5. 18   6. 13   7. 6   8. 10   9. 46   10. 41
11. 31   12. 59   13. 17   14. 10   15. 75   16. 50   17. 53   18. 8   19. 48   20. 74
21. 58   22. 8   23. 29   24. 9   25. 2   26. 42   27. 14   28. 47   29. 52   30. 22
31. 9   32. 10   33. 5   34. 15   35. 40   36. 6   37. 29   38. 26   39. 37   40. 8
41. 5   42. 37   43. 41   44. 6   45. 27   46. 49   47. 60   48. 15   49. 62   50. 36
51. 38   52. 19   53. 18   54. 29   55. 24   56. 11   57. 58   58. 22   59. 33   60. 48

Page 94:

1. 50   2. 10   3. 55   4. 7   5. 48   6. 4   7. 14   8. 5   9. 82   10. 6
11. 14   12. 70   13. 11   14. 13   15. 21   16. 22   17. 6   18. 16   19. 77   20. 19
21. 76   22. 66   23. 59   24. 0   25. 37   26. 19   27. 40   28. 19   29. 30   30. 3
31. 1   32. 10   33. 29   34. 57   35. 18   36. 69   37. 29   38. 26   39. 63   40. 50
41. 11   42. 25   43. 62   44. 11   45. 1   46. 9   47. 14   48. 29   49. 21   50. 1
51. 17   52. 5   53. 11   54. 10   55. 59   56. 42   57. 29   58. 21   59. 2   60. 35

Page 95:

1. 40   2. 2   3. 16   4. 8   5. 50   6. 29   7. 54   8. 14   9. 11   10. 16
11. 20   12. 25   13. 37   14. 69   15. 34   16. 9   17. 54   18. 1   19. 39   20. 46
21. 33   22. 2   23. 34   24. 2   25. 15   26. 50   27. 38   28. 2   29. 54   30. 23
31. 11   32. 10   33. 23   34. 35   35. 15   36. 1   37. 23   38. 31   39. 40   40. 70
41. 15   42. 28   43. 4   44. 50   45. 35   46. 45   47. 0   48. 45   49. 38   50. 12
51. 4   52. 8   53. 24   54. 54   55. 69   56. 13   57. 28   58. 33   59. 0   60. 10

Page 96:

1. 37   2. 52   3. 7   4. 16   5. 25   6. 40   7. 3   8. 57   9. 34   10. 56
11. 23   12. 60   13. 54   14. 5   15. 44   16. 3   17. 48   18. 2   19. 15   20. 9
21. 61   22. 19   23. 19   24. 11   25. 21   26. 33   27. 9   28. 15   29. 26   30. 7
31. 51   32. 57   33. 57   34. 19   35. 10   36. 16   37. 57   38. 35   39. 68   40. 23
41. 50   42. 15   43. 57   44. 27   45. 5   46. 14   47. 65   48. 52   49. 28   50. 26
51. 12   52. 40   53. 53   54. 48   55. 21   56. 9   57. 25   58. 15   59. 3   60. 39

Page 97:

1. 63	2. 54	3. 43	4. 19	5. 12	6. 12	7. 41	8. 33	9. 45	10. 71
11. 2	12. 22	13. 32	14. 20	15. 8	16. 45	17. 38	18. 54	19. 25	20. 2
21. 12	22. 29	23. 73	24. 44	25. 8	26. 34	27. 28	28. 4	29. 4	30. 54
31. 11	32. 14	33. 14	34. 31	35. 59	36. 9	37. 27	38. 16	39. 63	40. 22
41. 10	42. 44	43. 64	44. 1	45. 29	46. 60	47. 8	48. 5	49. 32	50. 18
51. 15	52. 27	53. 1	54. 11	55. 67	56. 17	57. 20	58. 3	59. 5	60. 9

Page 98:

1. 38	2. 40	3. 7	4. 6	5. 1	6. 33	7. 28	8. 51	9. 58	10. 3
11. 1	12. 12	13. 23	14. 29	15. 10	16. 15	17. 52	18. 12	19. 35	20. 43
21. 12	22. 18	23. 17	24. 39	25. 9	26. 38	27. 8	28. 46	29. 25	30. 19
31. 60	32. 6	33. 2	34. 47	35. 51	36. 11	37. 3	38. 50	39. 11	40. 35
41. 4	42. 39	43. 11	44. 61	45. 4	46. 2	47. 20	48. 41	49. 43	50. 72
51. 59	52. 30	53. 50	54. 55	55. 51	56. 52	57. 56	58. 28	59. 22	60. 10

Page 99:

1. 14	2. 9	3. 19	4. 37	5. 51	6. 13	7. 19	8. 0	9. 18	10. 77
11. 32	12. 30	13. 47	14. 41	15. 24	16. 56	17. 2	18. 31	19. 6	20. 36
21. 31	22. 5	23. 35	24. 26	25. 13	26. 45	27. 15	28. 35	29. 5	30. 37
31. 48	32. 61	33. 0	34. 3	35. 14	36. 1	37. 15	38. 24	39. 31	40. 29
41. 60	42. 8	43. 4	44. 45	45. 3	46. 41	47. 72	48. 32	49. 4	50. 38
51. 31	52. 1	53. 7	54. 10	55. 34	56. 6	57. 45	58. 30	59. 60	60. 20

Page 100:

1. 34	2. 6	3. 45	4. 30	5. 60	6. 20	7. 31	8. 40	9. 56	10. 3
11. 14	12. 53	13. 70	14. 4	15. 18	16. 4	17. 15	18. 25	19. 43	20. 39
21. 2	22. 49	23. 25	24. 12	25. 80	26. 28	27. 3	28. 4	29. 49	30. 34
31. 17	32. 19	33. 23	34. 37	35. 37	36. 22	37. 2	38. 58	39. 1	40. 37
41. 3	42. 14	43. 35	44. 6	45. 30	46. 7	47. 13	48. 18	49. 39	50. 34
51. 9	52. 55	53. 8	54. 14	55. 22	56. 55	57. 67	58. 63	59. 12	60. 7

Page 101:

1. 195	2. 584	3. 113	4. 288	5. 113	6. 751	7. 269	8. 80	9. 207	10. 54
11. 63	12. 243	13. 26	14. 185	15. 49	16. 748	17. 155	18. 124	19. 496	20. 378
21. 450	22. 513	23. 379	24. 462	25. 94	26. 414	27. 173	28. 32	29. 856	30. 664
31. 833	32. 439	33. 482	34. 375	35. 372	36. 427	37. 234	38. 490	39. 486	40. 5
41. 528	42. 646	43. 203	44. 2	45. 76	46. 427	47. 521	48. 656	49. 385	50. 34
51. 381	52. 27	53. 153	54. 303	55. 199	56. 466	57. 195	58. 361	59. 48	60. 155

Page 102:

1. 91	2. 196	3. 26	4. 42	5. 81	6. 476	7. 581	8. 391	9. 182	10. 287
11. 308	12. 558	13. 292	14. 309	15. 220	16. 31	17. 240	18. 348	19. 570	20. 724
21. 246	22. 226	23. 422	24. 249	25. 519	26. 118	27. 282	28. 352	29. 377	30. 218
31. 402	32. 296	33. 812	34. 551	35. 496	36. 13	37. 23	38. 6	39. 269	40. 417
41. 173	42. 83	43. 206	44. 433	45. 28	46. 39	47. 47	48. 122	49. 59	50. 3
51. 366	52. 365	53. 159	54. 97	55. 179	56. 609	57. 497	58. 618	59. 177	60. 105

Page 103:

1. 665	2. 415	3. 184	4. 299	5. 57	6. 176	7. 212	8. 155	9. 28	10. 194
11. 660	12. 393	13. 339	14. 91	15. 389	16. 277	17. 385	18. 823	19. 223	20. 22
21. 249	22. 232	23. 57	24. 351	25. 284	26. 261	27. 373	28. 643	29. 70	30. 166
31. 411	32. 455	33. 197	34. 372	35. 126	36. 120	37. 32	38. 111	39. 212	40. 355
41. 217	42. 0	43. 63	44. 679	45. 372	46. 377	47. 609	48. 76	49. 336	50. 147
51. 112	52. 327	53. 745	54. 363	55. 179	56. 45	57. 795	58. 330	59. 596	60. 59

Page 104:

1. 360	2. 440	3. 132	4. 250	5. 198	6. 526	7. 442	8. 335	9. 153	10. 409
11. 297	12. 280	13. 318	14. 114	15. 310	16. 143	17. 433	18. 561	19. 356	20. 254
21. 147	22. 231	23. 698	24. 65	25. 323	26. 318	27. 406	28. 482	29. 763	30. 193
31. 45	32. 185	33. 40	34. 711	35. 558	36. 385	37. 475	38. 280	39. 511	40. 30
41. 678	42. 21	43. 715	44. 202	45. 243	46. 123	47. 617	48. 55	49. 192	50. 610
51. 55	52. 1	53. 510	54. 417	55. 418	56. 210	57. 90	58. 70	59. 536	60. 465

Page 105:

1. 769	2. 62	3. 20	4. 224	5. 321	6. 250	7. 326	8. 55	9. 279	10. 221
11. 439	12. 711	13. 181	14. 106	15. 359	16. 361	17. 223	18. 31	19. 122	20. 169
21. 616	22. 147	23. 598	24. 294	25. 757	26. 137	27. 118	28. 349	29. 131	30. 139
31. 6	32. 279	33. 207	34. 317	35. 28	36. 202	37. 87	38. 443	39. 59	40. 566
41. 444	42. 311	43. 178	44. 318	45. 535	46. 611	47. 548	48. 10	49. 54	50. 324
51. 278	52. 473	53. 165	54. 364	55. 20	56. 141	57. 401	58. 469	59. 291	60. 184

Page 106:

1. 588	2. 487	3. 616	4. 10	5. 199	6. 252	7. 108	8. 470	9. 558	10. 279
11. 116	12. 231	13. 141	14. 423	15. 257	16. 360	17. 410	18. 12	19. 85	20. 305
21. 64	22. 13	23. 198	24. 774	25. 256	26. 163	27. 277	28. 133	29. 120	30. 48
31. 73	32. 223	33. 573	34. 180	35. 263	36. 56	37. 505	38. 39	39. 623	40. 488
41. 379	42. 119	43. 202	44. 256	45. 344	46. 600	47. 249	48. 396	49. 284	50. 447
51. 305	52. 369	53. 186	54. 221	55. 43	56. 476	57. 268	58. 487	59. 618	60. 241

Page 107:

1. 112	2. 12	3. 741	4. 111	5. 210	6. 194	7. 39	8. 527	9. 285	10. 587
11. 275	12. 226	13. 25	14. 144	15. 290	16. 387	17. 61	18. 532	19. 38	20. 660
21. 152	22. 323	23. 688	24. 668	25. 452	26. 507	27. 178	28. 482	29. 188	30. 444
31. 122	32. 622	33. 407	34. 541	35. 111	36. 140	37. 464	38. 114	39. 392	40. 350
41. 12	42. 145	43. 9	44. 5	45. 424	46. 291	47. 433	48. 340	49. 107	50. 470
51. 284	52. 738	53. 338	54. 11	55. 238	56. 129	57. 181	58. 350	59. 145	60. 321

Page 108:

1. 452	2. 115	3. 295	4. 14	5. 693	6. 452	7. 425	8. 159	9. 115	10. 381
11. 508	12. 808	13. 210	14. 62	15. 399	16. 559	17. 219	18. 572	19. 35	20. 99
21. 10	22. 411	23. 561	24. 132	25. 517	26. 300	27. 71	28. 71	29. 47	30. 16
31. 56	32. 527	33. 82	34. 334	35. 297	36. 530	37. 422	38. 145	39. 3	40. 31
41. 243	42. 33	43. 225	44. 653	45. 137	46. 602	47. 668	48. 335	49. 311	50. 322
51. 106	52. 57	53. 149	54. 324	55. 115	56. 407	57. 388	58. 92	59. 310	60. 121

Page 109:

1. 3
2. 60
3. 183
4. 193
5. 767
6. 41
7. 28
8. 101
9. 22
10. 184
11. 109
12. 628
13. 607
14. 787
15. 228
16. 542
17. 604
18. 428
19. 188
20. 227
21. 63
22. 76
23. 89
24. 308
25. 286
26. 532
27. 371
28. 534
29. 720
30. 63
31. 278
32. 54
33. 421
34. 35
35. 64
36. 180
37. 350
38. 174
39. 85
40. 645
41. 494
42. 115
43. 291
44. 528
45. 41
46. 97
47. 354
48. 199
49. 695
50. 392
51. 92
52. 352
53. 417
54. 250
55. 248
56. 490
57. 244
58. 508
59. 190
60. 833

Page 110:

1. 227
2. 125
3. 267
4. 148
5. 139
6. 18
7. 495
8. 802
9. 97
10. 412
11. 335
12. 23
13. 303
14. 204
15. 137
16. 41
17. 151
18. 297
19. 423
20. 864
21. 30
22. 721
23. 322
24. 415
25. 364
26. 359
27. 339
28. 186
29. 549
30. 529
31. 349
32. 546
33. 383
34. 407
35. 675
36. 258
37. 524
38. 84
39. 493
40. 257
41. 335
42. 428
43. 180
44. 540
45. 602
46. 312
47. 285
48. 127
49. 3
50. 324
51. 183
52. 442
53. 45
54. 438
55. 383
56. 733
57. 378
58. 715
59. 122
60. 138

Page 111:

1. 228
2. 15
3. 146
4. 778
5. 213
6. 335
7. 85
8. 178
9. 309
10. 62
11. 398
12. 343
13. 123
14. 242
15. 597
16. 156
17. 670
18. 56
19. 248
20. 263
21. 140
22. 164
23. 527
24. 671
25. 37
26. 185
27. 38
28. 323
29. 539
30. 226
31. 328
32. 597
33. 108
34. 64
35. 222
36. 606
37. 44
38. 493
39. 13
40. 25
41. 290
42. 381
43. 136
44. 256
45. 675
46. 425
47. 554
48. 367
49. 203
50. 266
51. 305
52. 689
53. 59
54. 64
55. 259
56. 711
57. 152
58. 672
59. 373
60. 789

Page 112:

1. 8
2. 335
3. 203
4. 832
5. 68
6. 291
7. 297
8. 5
9. 220
10. 538
11. 417
12. 50
13. 419
14. 238
15. 2
16. 205
17. 274
18. 132
19. 249
20. 49
21. 326
22. 71
23. 80
24. 295
25. 371
26. 75
27. 509
28. 581
29. 2
30. 191
31. 569
32. 431
33. 742
34. 543
35. 502
36. 72
37. 170
38. 122
39. 541
40. 53
41. 577
42. 494
43. 20
44. 416
45. 49
46. 265
47. 90
48. 169
49. 271
50. 96
51. 876
52. 790
53. 125
54. 50
55. 18
56. 596
57. 39
58. 668
59. 232
60. 52

Page 113:

1. 591
2. 72
3. 322
4. 48
5. 126
6. 358
7. 645
8. 428
9. 335
10. 143
11. 747
12. 143
13. 2
14. 139
15. 68
16. 5
17. 51
18. 445
19. 276
20. 697
21. 611
22. 835
23. 788
24. 9
25. 672
26. 549
27. 721
28. 13
29. 424
30. 9
31. 90
32. 44
33. 390
34. 522
35. 22
36. 542
37. 120
38. 185
39. 153
40. 224
41. 173
42. 148
43. 581
44. 151
45. 268
46. 47
47. 161
48. 639
49. 214
50. 147
51. 37
52. 329
53. 659
54. 300
55. 380
56. 708
57. 21
58. 563
59. 215
60. 300

Page 114:

1. 353
2. 132
3. 65
4. 287
5. 20
6. 285
7. 58
8. 226
9. 564
10. 583
11. 70
12. 336
13. 234
14. 606
15. 708
16. 42
17. 216
18. 356
19. 70
20. 245
21. 105
22. 174
23. 479
24. 49
25. 33
26. 569
27. 361
28. 484
29. 44
30. 257
31. 187
32. 404
33. 201
34. 279
35. 177
36. 413
37. 64
38. 153
39. 30
40. 13
41. 621
42. 394
43. 545
44. 153
45. 545
46. 97
47. 36
48. 255
49. 518
50. 43
51. 585
52. 18
53. 364
54. 578
55. 199
56. 90
57. 309
58. 55
59. 188
60. 699

Page 115:

1. 110	2. 435	3. 594	4. 485	5. 202	6. 671	7. 22	8. 499	9. 168	10. 255
11. 154	12. 828	13. 322	14. 594	15. 164	16. 852	17. 285	18. 122	19. 297	20. 502
21. 139	22. 582	23. 46	24. 444	25. 675	26. 43	27. 844	28. 101	29. 644	30. 196
31. 532	32. 104	33. 192	34. 374	35. 267	36. 211	37. 469	38. 62	39. 559	40. 79
41. 62	42. 372	43. 477	44. 27	45. 232	46. 5	47. 718	48. 330	49. 590	50. 440
51. 506	52. 161	53. 336	54. 310	55. 660	56. 197	57. 138	58. 100	59. 23	60. 617

Page 116:

1. 139	2. 7	3. 573	4. 67	5. 246	6. 426	7. 104	8. 326	9. 419	10. 305
11. 312	12. 250	13. 180	14. 571	15. 2	16. 580	17. 413	18. 299	19. 95	20. 654
21. 249	22. 588	23. 269	24. 400	25. 131	26. 51	27. 117	28. 185	29. 129	30. 58
31. 47	32. 386	33. 340	34. 282	35. 35	36. 68	37. 10	38. 346	39. 397	40. 305
41. 57	42. 396	43. 90	44. 585	45. 293	46. 545	47. 332	48. 212	49. 336	50. 359
51. 27	52. 154	53. 22	54. 52	55. 595	56. 121	57. 222	58. 416	59. 13	60. 131

Page 117:

1. 95	2. 129	3. 541	4. 164	5. 545	6. 343	7. 339	8. 403	9. 257	10. 288
11. 827	12. 53	13. 277	14. 313	15. 75	16. 279	17. 316	18. 759	19. 303	20. 218
21. 172	22. 245	23. 303	24. 507	25. 578	26. 116	27. 225	28. 4	29. 695	30. 14
31. 392	32. 66	33. 262	34. 110	35. 580	36. 374	37. 455	38. 199	39. 329	40. 124
41. 450	42. 88	43. 255	44. 643	45. 257	46. 28	47. 332	48. 317	49. 47	50. 260
51. 261	52. 6	53. 512	54. 434	55. 698	56. 328	57. 297	58. 575	59. 744	60. 717

Page 118:

1. 220	2. 171	3. 412	4. 531	5. 119	6. 664	7. 681	8. 444	9. 306	10. 10
11. 76	12. 251	13. 209	14. 160	15. 207	16. 458	17. 35	18. 72	19. 245	20. 52
21. 109	22. 212	23. 189	24. 215	25. 155	26. 822	27. 384	28. 551	29. 46	30. 379
31. 364	32. 800	33. 626	34. 474	35. 10	36. 264	37. 410	38. 94	39. 626	40. 452
41. 439	42. 285	43. 298	44. 8	45. 331	46. 523	47. 433	48. 81	49. 326	50. 121
51. 153	52. 390	53. 130	54. 689	55. 315	56. 684	57. 160	58. 688	59. 479	60. 128

Page 119:

1. 334	2. 51	3. 256	4. 1	5. 214	6. 442	7. 416	8. 169	9. 637	10. 588
11. 381	12. 238	13. 181	14. 207	15. 285	16. 699	17. 469	18. 426	19. 475	20. 671
21. 198	22. 413	23. 280	24. 51	25. 411	26. 589	27. 136	28. 188	29. 232	30. 119
31. 157	32. 104	33. 308	34. 594	35. 309	36. 157	37. 848	38. 407	39. 722	40. 633
41. 509	42. 35	43. 116	44. 626	45. 7	46. 468	47. 330	48. 322	49. 57	50. 532
51. 272	52. 742	53. 196	54. 522	55. 153	56. 128	57. 11	58. 827	59. 615	60. 233

Page 120:

1. 211	2. 238	3. 648	4. 37	5. 2	6. 66	7. 380	8. 342	9. 152	10. 250
11. 383	12. 837	13. 206	14. 242	15. 48	16. 539	17. 575	18. 524	19. 281	20. 337
21. 378	22. 33	23. 35	24. 84	25. 55	26. 359	27. 468	28. 97	29. 321	30. 329
31. 161	32. 198	33. 494	34. 298	35. 441	36. 429	37. 125	38. 314	39. 265	40. 247
41. 99	42. 363	43. 171	44. 3	45. 437	46. 304	47. 471	48. 5	49. 487	50. 538
51. 715	52. 709	53. 395	54. 174	55. 411	56. 185	57. 391	58. 543	59. 430	60. 247

Page 121:

1. 166	2. 410	3. 106	4. 365	5. 54	6. 341	7. 441	8. 394	9. 160	10. 436
11. 157	12. 641	13. 225	14. 153	15. 336	16. 103	17. 32	18. 665	19. 261	20. 361
21. 133	22. 529	23. 589	24. 46	25. 65	26. 222	27. 386	28. 364	29. 75	30. 174
31. 170	32. 266	33. 60	34. 485	35. 166	36. 331	37. 440	38. 113	39. 181	40. 347
41. 203	42. 406	43. 411	44. 97	45. 200	46. 156	47. 134	48. 5	49. 727	50. 346
51. 412	52. 158	53. 313	54. 305	55. 164	56. 359	57. 370	58. 54	59. 234	60. 295

Page 122:

1. 164	2. 694	3. 164	4. 504	5. 132	6. 30	7. 8	8. 75	9. 722	10. 36
11. 510	12. 467	13. 620	14. 79	15. 152	16. 75	17. 238	18. 92	19. 457	20. 223
21. 256	22. 137	23. 76	24. 350	25. 27	26. 682	27. 239	28. 649	29. 161	30. 654
31. 722	32. 251	33. 652	34. 528	35. 713	36. 224	37. 208	38. 91	39. 111	40. 490
41. 97	42. 448	43. 374	44. 821	45. 45	46. 444	47. 473	48. 49	49. 304	50. 776
51. 256	52. 246	53. 763	54. 290	55. 397	56. 13	57. 250	58. 10	59. 679	60. 526

Page 123:

1. 194	2. 157	3. 19	4. 760	5. 791	6. 255	7. 778	8. 354	9. 383	10. 465
11. 176	12. 182	13. 155	14. 51	15. 187	16. 554	17. 63	18. 410	19. 601	20. 630
21. 393	22. 255	23. 444	24. 124	25. 55	26. 82	27. 622	28. 287	29. 169	30. 634
31. 416	32. 276	33. 295	34. 4	35. 131	36. 639	37. 114	38. 477	39. 168	40. 128
41. 356	42. 457	43. 419	44. 306	45. 311	46. 330	47. 3	48. 272	49. 675	50. 108
51. 202	52. 22	53. 133	54. 196	55. 449	56. 609	57. 167	58. 157	59. 362	60. 696

Page 124:

1. 586	2. 210	3. 493	4. 133	5. 168	6. 274	7. 694	8. 514	9. 228	10. 572
11. 128	12. 73	13. 686	14. 728	15. 418	16. 313	17. 587	18. 29	19. 456	20. 836
21. 380	22. 309	23. 337	24. 257	25. 119	26. 592	27. 217	28. 196	29. 72	30. 465
31. 553	32. 270	33. 459	34. 82	35. 670	36. 226	37. 587	38. 626	39. 170	40. 204
41. 172	42. 15	43. 37	44. 599	45. 591	46. 597	47. 348	48. 52	49. 354	50. 356
51. 30	52. 614	53. 467	54. 450	55. 147	56. 53	57. 34	58. 490	59. 279	60. 445

Page 125:

1. 546	2. 353	3. 134	4. 485	5. 124	6. 341	7. 129	8. 18	9. 69	10. 200
11. 170	12. 319	13. 605	14. 110	15. 202	16. 410	17. 255	18. 46	19. 45	20. 714
21. 58	22. 279	23. 181	24. 807	25. 457	26. 125	27. 58	28. 490	29. 287	30. 193
31. 589	32. 133	33. 32	34. 188	35. 130	36. 89	37. 486	38. 511	39. 823	40. 184
41. 431	42. 273	43. 315	44. 266	45. 295	46. 39	47. 662	48. 17	49. 565	50. 53
51. 240	52. 256	53. 518	54. 641	55. 235	56. 728	57. 389	58. 54	59. 76	60. 467

Page 126:

1. 234	2. 57	3. 214	4. 152	5. 450	6. 186	7. 56	8. 46	9. 372	10. 5
11. 119	12. 64	13. 310	14. 439	15. 151	16. 7	17. 122	18. 677	19. 277	20. 221
21. 652	22. 76	23. 57	24. 554	25. 88	26. 281	27. 9	28. 120	29. 609	30. 697
31. 216	32. 546	33. 413	34. 79	35. 779	36. 128	37. 148	38. 28	39. 489	40. 223
41. 105	42. 114	43. 220	44. 126	45. 88	46. 780	47. 470	48. 397	49. 272	50. 101
51. 32	52. 100	53. 126	54. 803	55. 103	56. 329	57. 184	58. 114	59. 358	60. 3

Page 127:

1. 328	2. 315	3. 374	4. 251	5. 184	6. 32	7. 493	8. 542	9. 271	10. 154
11. 554	12. 486	13. 253	14. 495	15. 143	16. 39	17. 187	18. 668	19. 36	20. 240
21. 84	22. 335	23. 515	24. 107	25. 8	26. 368	27. 164	28. 591	29. 32	30. 186
31. 179	32. 344	33. 44	34. 176	35. 130	36. 323	37. 764	38. 153	39. 546	40. 360
41. 176	42. 350	43. 87	44. 244	45. 759	46. 175	47. 57	48. 151	49. 125	50. 126
51. 180	52. 187	53. 144	54. 409	55. 3	56. 87	57. 378	58. 728	59. 295	60. 78

Page 128:

1. 33	2. 591	3. 76	4. 401	5. 80	6. 449	7. 392	8. 471	9. 583	10. 351
11. 144	12. 126	13. 180	14. 108	15. 372	16. 376	17. 51	18. 344	19. 36	20. 563
21. 419	22. 530	23. 3	24. 35	25. 208	26. 540	27. 301	28. 304	29. 518	30. 406
31. 23	32. 544	33. 572	34. 145	35. 172	36. 387	37. 571	38. 75	39. 596	40. 227
41. 699	42. 781	43. 49	44. 395	45. 390	46. 79	47. 285	48. 54	49. 115	50. 403
51. 150	52. 12	53. 272	54. 142	55. 52	56. 605	57. 727	58. 277	59. 505	60. 38

Page 129:

1. 213	2. 237	3. 10	4. 0	5. 186	6. 377	7. 271	8. 111	9. 248	10. 113
11. 244	12. 519	13. 130	14. 6	15. 185	16. 255	17. 78	18. 180	19. 688	20. 407
21. 311	22. 528	23. 65	24. 58	25. 260	26. 47	27. 364	28. 288	29. 248	30. 390
31. 151	32. 427	33. 406	34. 95	35. 381	36. 578	37. 22	38. 192	39. 393	40. 437
41. 288	42. 247	43. 142	44. 7	45. 13	46. 749	47. 209	48. 370	49. 3	50. 39
51. 79	52. 38	53. 23	54. 21	55. 63	56. 152	57. 221	58. 176	59. 155	60. 21

Page 130:

1. 701	2. 397	3. 478	4. 88	5. 130	6. 463	7. 54	8. 485	9. 411	10. 10
11. 125	12. 96	13. 606	14. 724	15. 221	16. 716	17. 302	18. 76	19. 152	20. 133
21. 208	22. 414	23. 791	24. 640	25. 302	26. 7	27. 171	28. 121	29. 119	30. 342
31. 171	32. 39	33. 321	34. 582	35. 504	36. 294	37. 61	38. 329	39. 297	40. 177
41. 91	42. 425	43. 90	44. 102	45. 307	46. 818	47. 426	48. 388	49. 314	50. 490
51. 446	52. 275	53. 604	54. 134	55. 229	56. 399	57. 407	58. 79	59. 95	60. 101

Page 131:

1. 645	2. 320	3. 144	4. 224	5. 380	6. 169	7. 353	8. 35	9. 313	10. 103
11. 40	12. 47	13. 603	14. 174	15. 276	16. 502	17. 153	18. 345	19. 652	20. 296
21. 263	22. 83	23. 88	24. 454	25. 108	26. 85	27. 704	28. 409	29. 47	30. 706
31. 257	32. 712	33. 258	34. 454	35. 278	36. 660	37. 515	38. 240	39. 172	40. 7
41. 354	42. 378	43. 505	44. 310	45. 117	46. 36	47. 454	48. 367	49. 365	50. 37
51. 209	52. 773	53. 179	54. 401	55. 145	56. 184	57. 192	58. 139	59. 365	60. 297

Page 132:

1. 319	2. 88	3. 271	4. 489	5. 219	6. 24	7. 403	8. 393	9. 242	10. 714
11. 674	12. 272	13. 318	14. 37	15. 173	16. 207	17. 123	18. 572	19. 576	20. 229
21. 130	22. 92	23. 676	24. 223	25. 490	26. 749	27. 4	28. 600	29. 418	30. 154
31. 56	32. 22	33. 679	34. 153	35. 49	36. 558	37. 25	38. 423	39. 421	40. 71
41. 183	42. 109	43. 329	44. 94	45. 290	46. 20	47. 431	48. 45	49. 55	50. 221
51. 576	52. 378	53. 495	54. 88	55. 165	56. 249	57. 611	58. 5	59. 161	60. 417

Page 133:

1. 217	2. 561	3. 496	4. 28	5. 589	6. 314	7. 116	8. 315	9. 45	10. 12
11. 652	12. 114	13. 136	14. 142	15. 322	16. 130	17. 301	18. 296	19. 538	20. 283
21. 106	22. 252	23. 608	24. 494	25. 196	26. 37	27. 422	28. 389	29. 469	30. 385
31. 83	32. 653	33. 109	34. 53	35. 80	36. 569	37. 268	38. 156	39. 259	40. 155
41. 192	42. 317	43. 74	44. 150	45. 185	46. 703	47. 158	48. 358	49. 118	50. 535
51. 244	52. 93	53. 668	54. 554	55. 229	56. 192	57. 249	58. 441	59. 196	60. 588

Page 134:

1. 375	2. 3	3. 401	4. 228	5. 332	6. 436	7. 130	8. 698	9. 158	10. 331
11. 302	12. 441	13. 657	14. 330	15. 358	16. 353	17. 166	18. 310	19. 133	20. 243
21. 419	22. 194	23. 82	24. 407	25. 446	26. 78	27. 422	28. 245	29. 41	30. 736
31. 134	32. 541	33. 517	34. 437	35. 232	36. 79	37. 337	38. 54	39. 310	40. 85
41. 234	42. 118	43. 347	44. 638	45. 412	46. 23	47. 534	48. 219	49. 408	50. 65
51. 616	52. 314	53. 32	54. 161	55. 117	56. 99	57. 526	58. 294	59. 178	60. 241

Page 135:

1. 326	2. 551	3. 316	4. 358	5. 190	6. 553	7. 327	8. 91	9. 110	10. 267
11. 219	12. 412	13. 526	14. 620	15. 379	16. 225	17. 139	18. 101	19. 180	20. 212
21. 91	22. 837	23. 155	24. 617	25. 45	26. 213	27. 767	28. 377	29. 676	30. 347
31. 224	32. 455	33. 287	34. 59	35. 148	36. 300	37. 737	38. 320	39. 196	40. 344
41. 147	42. 551	43. 376	44. 529	45. 421	46. 235	47. 706	48. 420	49. 353	50. 548
51. 228	52. 527	53. 711	54. 396	55. 581	56. 337	57. 420	58. 500	59. 585	60. 301

Page 136:

1. 77	2. 119	3. 265	4. 580	5. 282	6. 403	7. 361	8. 10	9. 32	10. 487
11. 228	12. 68	13. 227	14. 95	15. 27	16. 333	17. 227	18. 572	19. 80	20. 509
21. 245	22. 380	23. 353	24. 365	25. 188	26. 452	27. 21	28. 382	29. 601	30. 134
31. 117	32. 81	33. 331	34. 408	35. 546	36. 120	37. 116	38. 616	39. 238	40. 270
41. 14	42. 262	43. 652	44. 572	45. 324	46. 258	47. 646	48. 317	49. 620	50. 152
51. 636	52. 346	53. 675	54. 815	55. 264	56. 34	57. 161	58. 399	59. 466	60. 448

Page 137:

1. 364	2. 287	3. 340	4. 23	5. 270	6. 39	7. 346	8. 377	9. 624	10. 170
11. 111	12. 457	13. 551	14. 373	15. 48	16. 53	17. 188	18. 234	19. 434	20. 372
21. 234	22. 86	23. 386	24. 30	25. 482	26. 286	27. 661	28. 590	29. 20	30. 119
31. 332	32. 532	33. 167	34. 82	35. 30	36. 56	37. 281	38. 261	39. 513	40. 663
41. 521	42. 239	43. 81	44. 611	45. 586	46. 569	47. 43	48. 369	49. 778	50. 713
51. 245	52. 12	53. 186	54. 318	55. 178	56. 119	57. 470	58. 108	59. 454	60. 818

Page 138:

1. 4	2. 20	3. 302	4. 182	5. 26	6. 261	7. 169	8. 804	9. 777	10. 169
11. 35	12. 158	13. 476	14. 333	15. 21	16. 178	17. 89	18. 381	19. 599	20. 647
21. 149	22. 745	23. 355	24. 401	25. 418	26. 349	27. 772	28. 351	29. 157	30. 202
31. 416	32. 231	33. 14	34. 79	35. 271	36. 390	37. 107	38. 74	39. 346	40. 90
41. 4	42. 204	43. 319	44. 166	45. 208	46. 480	47. 386	48. 84	49. 174	50. 563
51. 284	52. 98	53. 282	54. 798	55. 638	56. 432	57. 574	58. 488	59. 197	60. 59

Page 139:

1. **629**	2. **140**	3. **434**	4. **516**	5. **560**	6. **382**	7. **22**	8. **743**	9. **307**	10. **441**
11. **644**	12. **224**	13. **281**	14. **64**	15. **35**	16. **435**	17. **140**	18. **170**	19. **60**	20. **232**
21. **813**	22. **46**	23. **155**	24. **619**	25. **337**	26. **55**	27. **605**	28. **77**	29. **176**	30. **78**
31. **222**	32. **2**	33. **38**	34. **509**	35. **98**	36. **361**	37. **435**	38. **467**	39. **199**	40. **399**
41. **448**	42. **137**	43. **403**	44. **266**	45. **59**	46. **345**	47. **300**	48. **24**	49. **364**	50. **261**
51. **408**	52. **586**	53. **159**	54. **190**	55. **386**	56. **117**	57. **418**	58. **97**	59. **151**	60. **205**

Page 140:

1. **158**	2. **69**	3. **232**	4. **579**	5. **222**	6. **479**	7. **300**	8. **65**	9. **109**	10. **432**
11. **212**	12. **62**	13. **352**	14. **183**	15. **422**	16. **209**	17. **89**	18. **95**	19. **336**	20. **335**
21. **349**	22. **19**	23. **149**	24. **359**	25. **257**	26. **455**	27. **672**	28. **279**	29. **46**	30. **100**
31. **255**	32. **107**	33. **339**	34. **380**	35. **335**	36. **809**	37. **314**	38. **68**	39. **500**	40. **512**
41. **195**	42. **162**	43. **352**	44. **238**	45. **551**	46. **453**	47. **424**	48. **479**	49. **538**	50. **65**
51. **642**	52. **363**	53. **370**	54. **251**	55. **234**	56. **42**	57. **139**	58. **47**	59. **68**	60. **291**

Page 141:

1. **331**	2. **29**	3. **201**	4. **825**	5. **406**	6. **454**	7. **86**	8. **144**	9. **117**	10. **140**
11. **225**	12. **560**	13. **668**	14. **249**	15. **130**	16. **327**	17. **298**	18. **290**	19. **623**	20. **169**
21. **367**	22. **46**	23. **225**	24. **134**	25. **67**	26. **413**	27. **385**	28. **533**	29. **546**	30. **342**
31. **155**	32. **437**	33. **74**	34. **506**	35. **286**	36. **95**	37. **527**	38. **36**	39. **197**	40. **135**
41. **226**	42. **416**	43. **444**	44. **260**	45. **370**	46. **4**	47. **367**	48. **419**	49. **360**	50. **183**
51. **8**	52. **554**	53. **3**	54. **615**	55. **143**	56. **37**	57. **190**	58. **151**	59. **50**	60. **5**

Page 142:

1. **491**	2. **392**	3. **66**	4. **184**	5. **273**	6. **371**	7. **268**	8. **174**	9. **350**	10. **232**
11. **173**	12. **480**	13. **234**	14. **524**	15. **371**	16. **87**	17. **28**	18. **11**	19. **459**	20. **41**
21. **317**	22. **109**	23. **308**	24. **513**	25. **192**	26. **520**	27. **320**	28. **138**	29. **156**	30. **62**
31. **364**	32. **38**	33. **783**	34. **107**	35. **846**	36. **437**	37. **48**	38. **39**	39. **305**	40. **220**
41. **24**	42. **230**	43. **17**	44. **287**	45. **308**	46. **40**	47. **451**	48. **299**	49. **144**	50. **205**
51. **52**	52. **582**	53. **310**	54. **150**	55. **132**	56. **353**	57. **218**	58. **81**	59. **9**	60. **15**

Page 143:

1. **117**	2. **373**	3. **655**	4. **102**	5. **81**	6. **72**	7. **379**	8. **161**	9. **283**	10. **555**
11. **274**	12. **53**	13. **265**	14. **417**	15. **173**	16. **224**	17. **681**	18. **95**	19. **514**	20. **687**
21. **73**	22. **292**	23. **162**	24. **278**	25. **256**	26. **84**	27. **366**	28. **251**	29. **383**	30. **252**
31. **690**	32. **280**	33. **164**	34. **200**	35. **187**	36. **77**	37. **22**	38. **8**	39. **256**	40. **637**
41. **140**	42. **137**	43. **79**	44. **123**	45. **438**	46. **759**	47. **615**	48. **134**	49. **444**	50. **771**
51. **660**	52. **568**	53. **36**	54. **237**	55. **6**	56. **177**	57. **127**	58. **19**	59. **556**	60. **760**

Page 144:

1. **117**	2. **170**	3. **210**	4. **66**	5. **514**	6. **2**	7. **281**	8. **368**	9. **262**	10. **570**
11. **244**	12. **554**	13. **469**	14. **374**	15. **106**	16. **782**	17. **260**	18. **678**	19. **225**	20. **836**
21. **572**	22. **64**	23. **519**	24. **106**	25. **152**	26. **533**	27. **27**	28. **172**	29. **277**	30. **530**
31. **362**	32. **431**	33. **559**	34. **379**	35. **620**	36. **36**	37. **477**	38. **157**	39. **533**	40. **801**
41. **238**	42. **147**	43. **521**	44. **304**	45. **74**	46. **399**	47. **374**	48. **768**	49. **129**	50. **242**
51. **19**	52. **187**	53. **704**	54. **185**	55. **272**	56. **89**	57. **170**	58. **203**	59. **618**	60. **403**

Page 145:

1. 61 2. 522 3. 19 4. 599 5. 95 6. 44 7. 65 8. 289 9. 30 10. 76
11. 123 12. 118 13. 11 14. 397 15. 821 16. 183 17. 360 18. 199 19. 528 20. 315
21. 700 22. 251 23. 593 24. 559 25. 287 26. 378 27. 362 28. 104 29. 370 30. 245
31. 541 32. 157 33. 266 34. 147 35. 499 36. 4 37. 330 38. 234 39. 298 40. 37
41. 604 42. 331 43. 341 44. 250 45. 109 46. 77 47. 382 48. 47 49. 114 50. 545
51. 458 52. 578 53. 444 54. 219 55. 18 56. 117 57. 53 58. 363 59. 109 60. 432

Page 146:

1. 43 2. 166 3. 102 4. 267 5. 90 6. 58 7. 835 8. 169 9. 223 10. 352
11. 313 12. 127 13. 280 14. 419 15. 28 16. 588 17. 229 18. 641 19. 57 20. 5
21. 91 22. 722 23. 187 24. 512 25. 302 26. 161 27. 74 28. 490 29. 58 30. 356
31. 543 32. 40 33. 182 34. 469 35. 281 36. 39 37. 97 38. 289 39. 68 40. 543
41. 18 42. 786 43. 51 44. 322 45. 587 46. 114 47. 562 48. 482 49. 114 50. 243
51. 247 52. 482 53. 705 54. 580 55. 336 56. 119 57. 127 58. 587 59. 502 60. 57

Page 147:

1. 226 2. 347 3. 455 4. 552 5. 514 6. 265 7. 211 8. 776 9. 716 10. 637
11. 140 12. 461 13. 531 14. 497 15. 292 16. 22 17. 172 18. 722 19. 237 20. 24
21. 239 22. 0 23. 81 24. 351 25. 94 26. 40 27. 104 28. 133 29. 273 30. 337
31. 22 32. 335 33. 45 34. 360 35. 373 36. 187 37. 320 38. 22 39. 759 40. 296
41. 187 42. 299 43. 755 44. 159 45. 2 46. 120 47. 381 48. 607 49. 170 50. 370
51. 293 52. 197 53. 277 54. 167 55. 381 56. 208 57. 233 58. 553 59. 416 60. 190

Page 148:

1. 272 2. 253 3. 182 4. 140 5. 257 6. 333 7. 12 8. 261 9. 10 10. 235
11. 123 12. 331 13. 21 14. 353 15. 410 16. 187 17. 326 18. 428 19. 228 20. 313
21. 34 22. 165 23. 625 24. 91 25. 307 26. 360 27. 222 28. 230 29. 691 30. 176
31. 421 32. 534 33. 382 34. 218 35. 172 36. 32 37. 279 38. 98 39. 457 40. 354
41. 7 42. 271 43. 461 44. 108 45. 74 46. 109 47. 17 48. 602 49. 466 50. 524
51. 109 52. 442 53. 641 54. 166 55. 405 56. 167 57. 197 58. 136 59. 746 60. 26

Page 149:

1. 258 2. 456 3. 141 4. 768 5. 17 6. 237 7. 30 8. 664 9. 90 10. 283
11. 4 12. 451 13. 371 14. 396 15. 68 16. 11 17. 463 18. 579 19. 475 20. 154
21. 386 22. 7 23. 538 24. 646 25. 86 26. 606 27. 402 28. 162 29. 412 30. 609
31. 305 32. 150 33. 229 34. 127 35. 285 36. 89 37. 44 38. 100 39. 9 40. 51
41. 216 42. 130 43. 23 44. 153 45. 650 46. 308 47. 140 48. 231 49. 522 50. 415
51. 361 52. 460 53. 193 54. 282 55. 559 56. 171 57. 686 58. 475 59. 597 60. 670

Page 150:

1. 240 2. 39 3. 270 4. 679 5. 34 6. 118 7. 80 8. 87 9. 204 10. 428
11. 95 12. 184 13. 601 14. 172 15. 46 16. 378 17. 16 18. 37 19. 185 20. 242
21. 346 22. 354 23. 217 24. 183 25. 136 26. 502 27. 236 28. 591 29. 213 30. 63
31. 674 32. 624 33. 221 34. 106 35. 245 36. 124 37. 509 38. 232 39. 728 40. 421
41. 283 42. 214 43. 313 44. 9 45. 227 46. 503 47. 247 48. 42 49. 294 50. 468
51. 561 52. 523 53. 165 54. 484 55. 693 56. 226 57. 743 58. 295 59. 161 60. 79

Page 151:

1. 866	2. 1927	3. 3631	4. 3059	5. 515	6. 600	7. 417	8. 4943	9. 1648	10. 748
11. 2461	12. 7405	13. 1451	14. 4851	15. 1412	16. 8318	17. 4259	18. 4205	19. 3820	20. 145
21. 409	22. 5963	23. 3244	24. 1647	25. 2554	26. 4382	27. 7625	28. 2465	29. 1073	30. 1429
31. 6412	32. 1372	33. 5661	34. 3693	35. 3892	36. 2782	37. 623	38. 1540	39. 5775	40. 1724
41. 925	42. 2083	43. 1166	44. 4667	45. 2620	46. 7160	47. 1017	48. 1167	49. 5645	50. 2049
51. 1643	52. 2072	53. 4948	54. 5544	55. 310	56. 1852	57. 3151	58. 960	59. 2004	60. 5771

Page 152:

1. 4046	2. 6926	3. 1161	4. 4500	5. 3120	6. 1180	7. 3461	8. 4034	9. 1875	10. 159
11. 3398	12. 1928	13. 4513	14. 2436	15. 3425	16. 1818	17. 2323	18. 225	19. 6146	20. 4193
21. 2107	22. 1934	23. 6730	24. 3696	25. 5883	26. 2977	27. 5841	28. 1031	29. 473	30. 5996
31. 580	32. 1746	33. 2702	34. 2105	35. 624	36. 3998	37. 1021	38. 3867	39. 883	40. 1029
41. 5052	42. 2973	43. 3125	44. 5269	45. 3478	46. 3158	47. 7486	48. 3352	49. 3566	50. 984
51. 2912	52. 982	53. 195	54. 4494	55. 115	56. 2277	57. 6867	58. 4175	59. 2560	60. 7602

Page 153:

1. 22	2. 924	3. 2008	4. 890	5. 6215	6. 3993	7. 7478	8. 8002	9. 32	10. 1879
11. 5801	12. 1084	13. 3391	14. 1589	15. 5366	16. 5210	17. 7509	18. 6279	19. 375	20. 6352
21. 5889	22. 693	23. 4734	24. 7849	25. 4764	26. 3681	27. 3429	28. 2386	29. 1595	30. 3323
31. 6842	32. 627	33. 2288	34. 86	35. 844	36. 360	37. 104	38. 3633	39. 325	40. 2495
41. 83	42. 7454	43. 7199	44. 977	45. 1416	46. 2314	47. 5356	48. 2045	49. 1916	50. 719
51. 7029	52. 1823	53. 1897	54. 1002	55. 1130	56. 672	57. 2243	58. 1323	59. 152	60. 2229

Page 154:

1. 302	2. 3649	3. 3243	4. 391	5. 1864	6. 586	7. 607	8. 2591	9. 3058	10. 1460
11. 6131	12. 629	13. 407	14. 3348	15. 6310	16. 3068	17. 8273	18. 2011	19. 2806	20. 1073
21. 1933	22. 172	23. 3834	24. 5889	25. 3103	26. 4491	27. 7254	28. 4410	29. 7173	30. 7581
31. 2927	32. 4783	33. 3109	34. 3287	35. 793	36. 232	37. 1868	38. 6225	39. 4214	40. 379
41. 1855	42. 2604	43. 1243	44. 3001	45. 3015	46. 6695	47. 206	48. 5060	49. 3473	50. 801
51. 575	52. 2803	53. 5614	54. 253	55. 2258	56. 1892	57. 743	58. 1490	59. 2677	60. 1385

Page 155:

1. 2489	2. 2677	3. 995	4. 2109	5. 4992	6. 8514	7. 730	8. 457	9. 2156	10. 783
11. 1264	12. 1287	13. 631	14. 5266	15. 908	16. 1760	17. 7610	18. 2143	19. 3091	20. 3345
21. 1467	22. 1335	23. 8553	24. 1581	25. 422	26. 2308	27. 1244	28. 666	29. 2558	30. 2264
31. 269	32. 5693	33. 2671	34. 3626	35. 3994	36. 313	37. 3847	38. 302	39. 1284	40. 2925
41. 5913	42. 5137	43. 6453	44. 5904	45. 6097	46. 273	47. 781	48. 5518	49. 6603	50. 1166
51. 250	52. 2086	53. 7250	54. 1158	55. 2782	56. 4246	57. 509	58. 1799	59. 1673	60. 1511

Page 156:

1. 4927	2. 3941	3. 230	4. 501	5. 4282	6. 3941	7. 6066	8. 2408	9. 242	10. 7778
11. 11	12. 1876	13. 4958	14. 4705	15. 1753	16. 490	17. 2237	18. 6889	19. 1083	20. 2375
21. 7887	22. 443	23. 2231	24. 5620	25. 1469	26. 4808	27. 4025	28. 828	29. 1763	30. 4976
31. 7490	32. 2823	33. 3863	34. 2075	35. 2220	36. 610	37. 571	38. 4886	39. 6895	40. 4805
41. 2859	42. 132	43. 4611	44. 1935	45. 8276	46. 1111	47. 4369	48. 2080	49. 4937	50. 1291
51. 5876	52. 218	53. 7329	54. 5467	55. 858	56. 2861	57. 7306	58. 1385	59. 4426	60. 505

Page 157:

1. 6233	2. 3092	3. 3526	4. 1915	5. 7877	6. 1529	7. 226	8. 4558	9. 2010	10. 1060
11. 666	12. 777	13. 7494	14. 1537	15. 3546	16. 489	17. 967	18. 3795	19. 1238	20. 4912
21. 848	22. 2206	23. 2245	24. 202	25. 1413	26. 2226	27. 5030	28. 534	29. 5382	30. 3800
31. 1240	32. 2625	33. 2230	34. 4878	35. 7323	36. 2844	37. 1133	38. 3403	39. 1214	40. 769
41. 1507	42. 5418	43. 3269	44. 913	45. 2140	46. 3584	47. 1403	48. 902	49. 4316	50. 3093
51. 3313	52. 533	53. 3233	54. 4783	55. 2005	56. 6347	57. 3408	58. 1064	59. 3708	60. 2727

Page 158:

1. 1962	2. 315	3. 3538	4. 4810	5. 3214	6. 5683	7. 5788	8. 353	9. 7159	10. 7690
11. 6220	12. 1940	13. 1384	14. 3136	15. 1162	16. 8132	17. 1696	18. 5076	19. 81	20. 5097
21. 4662	22. 1057	23. 3653	24. 1388	25. 1477	26. 447	27. 3533	28. 2397	29. 4061	30. 5098
31. 3366	32. 5945	33. 303	34. 2229	35. 3538	36. 439	37. 928	38. 1535	39. 471	40. 4850
41. 3857	42. 7819	43. 1523	44. 499	45. 1498	46. 7152	47. 3927	48. 2692	49. 126	50. 6235
51. 1798	52. 521	53. 2218	54. 1271	55. 2730	56. 293	57. 1845	58. 1089	59. 2546	60. 520

Page 159:

1. 1995	2. 2826	3. 3758	4. 796	5. 77	6. 8183	7. 6953	8. 5519	9. 1423	10. 5637
11. 3143	12. 2122	13. 5775	14. 3803	15. 6328	16. 4378	17. 1025	18. 2510	19. 2436	20. 6662
21. 4904	22. 2108	23. 2281	24. 4091	25. 5202	26. 5982	27. 3934	28. 4242	29. 1415	30. 2653
31. 79	32. 2841	33. 2054	34. 3315	35. 5865	36. 756	37. 153	38. 2811	39. 637	40. 6105
41. 2492	42. 1081	43. 4697	44. 4717	45. 819	46. 599	47. 6071	48. 533	49. 5918	50. 1169
51. 4616	52. 4873	53. 6798	54. 1245	55. 1433	56. 2389	57. 7615	58. 1726	59. 806	60. 2108

Page 160:

1. 4677	2. 2422	3. 3613	4. 1869	5. 4602	6. 627	7. 1218	8. 3271	9. 2297	10. 4995
11. 3664	12. 3107	13. 100	14. 4025	15. 4486	16. 3301	17. 6493	18. 368	19. 3617	20. 2446
21. 3054	22. 1925	23. 1760	24. 910	25. 5136	26. 5221	27. 8131	28. 4646	29. 1018	30. 691
31. 2318	32. 954	33. 1788	34. 2169	35. 384	36. 4165	37. 1649	38. 3762	39. 1045	40. 1035
41. 3820	42. 549	43. 2461	44. 5112	45. 238	46. 5668	47. 7629	48. 4020	49. 964	50. 7155
51. 2584	52. 1445	53. 8189	54. 393	55. 3664	56. 297	57. 4388	58. 2533	59. 581	60. 2661

Page 161:

1. 1351	2. 3156	3. 3462	4. 1472	5. 2828	6. 1215	7. 4675	8. 308	9. 4729	10. 315
11. 686	12. 5349	13. 4172	14. 69	15. 3063	16. 1144	17. 5008	18. 1377	19. 6107	20. 4769
21. 2939	22. 1660	23. 1317	24. 2816	25. 8062	26. 5764	27. 3498	28. 2873	29. 553	30. 7174
31. 1178	32. 5417	33. 7198	34. 1805	35. 504	36. 178	37. 4291	38. 4215	39. 2558	40. 2839
41. 4524	42. 74	43. 2861	44. 3029	45. 3876	46. 4254	47. 6091	48. 4040	49. 559	50. 751
51. 1725	52. 2313	53. 1343	54. 28	55. 1593	56. 3290	57. 304	58. 1248	59. 935	60. 7491

Page 162:

1. 144	2. 3917	3. 524	4. 6718	5. 1030	6. 1363	7. 1581	8. 3600	9. 4787	10. 1410
11. 5010	12. 86	13. 1433	14. 1678	15. 2314	16. 2808	17. 1454	18. 922	19. 6535	20. 4349
21. 1352	22. 2988	23. 1855	24. 4619	25. 6867	26. 2324	27. 1516	28. 598	29. 1785	30. 439
31. 1220	32. 3332	33. 5403	34. 4386	35. 3494	36. 4810	37. 5975	38. 779	39. 6697	40. 3875
41. 3900	42. 959	43. 1671	44. 8396	45. 2716	46. 1544	47. 6067	48. 1264	49. 222	50. 702
51. 1	52. 4886	53. 453	54. 3324	55. 1190	56. 7969	57. 370	58. 5285	59. 1001	60. 2560

Page 163:

1. 3826	2. 721	3. 917	4. 298	5. 952	6. 1886	7. 4230	8. 4097	9. 6008	10. 5290
11. 2178	12. 1881	13. 2114	14. 5368	15. 2916	16. 89	17. 2316	18. 5081	19. 4716	20. 2220
21. 311	22. 45	23. 1667	24. 384	25. 589	26. 1859	27. 1248	28. 5272	29. 207	30. 2366
31. 405	32. 811	33. 7887	34. 4565	35. 2652	36. 6289	37. 1287	38. 2296	39. 3088	40. 320
41. 962	42. 6796	43. 2596	44. 6243	45. 506	46. 3191	47. 1692	48. 1038	49. 4338	50. 2925
51. 774	52. 2304	53. 4685	54. 4154	55. 5263	56. 5316	57. 629	58. 618	59. 4082	60. 3084

Page 164:

1. 405	2. 4240	3. 6321	4. 5636	5. 424	6. 65	7. 4553	8. 5059	9. 2889	10. 1664
11. 3787	12. 748	13. 1071	14. 2987	15. 5101	16. 1925	17. 2346	18. 5894	19. 8161	20. 4355
21. 2037	22. 345	23. 5752	24. 798	25. 8277	26. 4112	27. 1676	28. 2821	29. 7245	30. 1006
31. 961	32. 366	33. 3584	34. 7622	35. 2334	36. 3125	37. 535	38. 1409	39. 1166	40. 6968
41. 5912	42. 254	43. 2188	44. 2876	45. 3470	46. 2073	47. 1989	48. 1233	49. 4743	50. 1938
51. 2312	52. 8775	53. 2580	54. 1224	55. 781	56. 2480	57. 5864	58. 1191	59. 718	60. 6534

Page 165:

1. 23	2. 760	3. 2969	4. 3398	5. 1413	6. 1627	7. 1842	8. 3066	9. 5345	10. 1775
11. 1619	12. 3734	13. 8092	14. 440	15. 6131	16. 703	17. 1187	18. 3223	19. 3960	20. 2133
21. 203	22. 1791	23. 4869	24. 858	25. 2995	26. 708	27. 2273	28. 510	29. 5831	30. 2033
31. 3444	32. 3246	33. 2431	34. 4319	35. 1157	36. 5999	37. 3939	38. 3926	39. 425	40. 121
41. 3358	42. 110	43. 2904	44. 848	45. 1621	46. 2800	47. 3903	48. 223	49. 1070	50. 6885
51. 2413	52. 1918	53. 2081	54. 463	55. 5296	56. 4280	57. 1662	58. 150	59. 1644	60. 7005

Page 166:

1. 1709	2. 106	3. 755	4. 4450	5. 69	6. 1796	7. 40	8. 2776	9. 1677	10. 3723
11. 4234	12. 5638	13. 4725	14. 3491	15. 424	16. 1457	17. 7981	18. 7118	19. 1760	20. 2709
21. 1395	22. 2553	23. 3825	24. 3077	25. 2469	26. 4059	27. 3909	28. 1681	29. 50	30. 1130
31. 4651	32. 1509	33. 624	34. 5833	35. 7589	36. 3142	37. 3817	38. 6424	39. 1295	40. 6584
41. 149	42. 3412	43. 1881	44. 7737	45. 5038	46. 314	47. 3879	48. 3731	49. 3112	50. 2634
51. 2701	52. 3254	53. 382	54. 484	55. 3857	56. 4221	57. 1900	58. 1475	59. 4392	60. 2196

Page 167:

1. 7809	2. 5770	3. 1890	4. 2828	5. 6906	6. 2402	7. 3275	8. 1125	9. 3410	10. 6668
11. 1241	12. 2185	13. 5387	14. 6857	15. 1368	16. 165	17. 1884	18. 1741	19. 3918	20. 2684
21. 6401	22. 1638	23. 7368	24. 6300	25. 3066	26. 151	27. 841	28. 6135	29. 836	30. 3052
31. 296	32. 6151	33. 2419	34. 4124	35. 8106	36. 3004	37. 6911	38. 2806	39. 3926	40. 2144
41. 324	42. 4016	43. 1537	44. 3279	45. 1663	46. 8312	47. 4729	48. 4584	49. 3418	50. 6749
51. 1309	52. 2908	53. 7296	54. 3354	55. 1587	56. 4495	57. 1206	58. 976	59. 8092	60. 2312

Page 168:

1. 926	2. 73	3. 4705	4. 703	5. 703	6. 3322	7. 3441	8. 3397	9. 3542	10. 2981
11. 709	12. 3682	13. 6586	14. 4093	15. 63	16. 5361	17. 993	18. 254	19. 2632	20. 520
21. 537	22. 2409	23. 1855	24. 2998	25. 5140	26. 2491	27. 2954	28. 3217	29. 6104	30. 2239
31. 138	32. 2149	33. 1146	34. 498	35. 1327	36. 6426	37. 328	38. 448	39. 5992	40. 3400
41. 288	42. 692	43. 866	44. 2544	45. 2503	46. 5446	47. 1334	48. 170	49. 6026	50. 5478
51. 1504	52. 1082	53. 5762	54. 6020	55. 1356	56. 1468	57. 214	58. 1533	59. 4727	60. 963

Page 169:

1. 1729	2. 5233	3. 139	4. 4405	5. 930	6. 1852	7. 165	8. 1697	9. 2888	10. 1367
11. 2842	12. 3928	13. 75	14. 742	15. 11	16. 1327	17. 442	18. 2704	19. 2084	20. 3294
21. 3190	22. 151	23. 7911	24. 586	25. 1159	26. 765	27. 1515	28. 3190	29. 293	30. 417
31. 1217	32. 784	33. 13	34. 1460	35. 960	36. 2541	37. 4361	38. 348	39. 732	40. 1940
41. 3575	42. 3178	43. 5266	44. 438	45. 3200	46. 3500	47. 3861	48. 4962	49. 648	50. 380
51. 3690	52. 296	53. 4674	54. 4298	55. 435	56. 2387	57. 26	58. 6831	59. 2738	60. 4221

Page 170:

1. 855	2. 787	3. 1605	4. 3660	5. 5224	6. 905	7. 3760	8. 2863	9. 1347	10. 7178
11. 1633	12. 2292	13. 3177	14. 1097	15. 2477	16. 1951	17. 7530	18. 5614	19. 4639	20. 4358
21. 2536	22. 644	23. 2527	24. 7023	25. 349	26. 5042	27. 248	28. 1745	29. 517	30. 3317
31. 1775	32. 4367	33. 1059	34. 6333	35. 3305	36. 874	37. 1897	38. 1255	39. 1006	40. 533
41. 2414	42. 5645	43. 5432	44. 2628	45. 402	46. 1993	47. 2388	48. 2096	49. 5870	50. 846
51. 5317	52. 2970	53. 1465	54. 1924	55. 6585	56. 6587	57. 3889	58. 2359	59. 1178	60. 1538

Page 171:

1. 1246	2. 5427	3. 6141	4. 5623	5. 270	6. 2043	7. 6590	8. 2899	9. 2662	10. 5253
11. 2664	12. 2983	13. 2109	14. 2875	15. 4993	16. 110	17. 922	18. 492	19. 1173	20. 5304
21. 3766	22. 2895	23. 302	24. 1471	25. 5625	26. 137	27. 4752	28. 3634	29. 51	30. 2452
31. 2933	32. 694	33. 862	34. 1289	35. 236	36. 384	37. 6711	38. 6630	39. 6182	40. 1101
41. 2406	42. 2072	43. 5211	44. 3622	45. 1699	46. 826	47. 579	48. 7794	49. 486	50. 591
51. 5219	52. 2181	53. 1362	54. 5101	55. 3349	56. 4763	57. 104	58. 5361	59. 970	60. 899

Page 172:

1. 5262	2. 1600	3. 1359	4. 522	5. 5632	6. 6704	7. 2196	8. 2242	9. 1126	10. 4909
11. 2864	12. 819	13. 1144	14. 203	15. 2377	16. 2506	17. 7183	18. 4838	19. 2963	20. 6318
21. 1804	22. 2626	23. 1210	24. 2020	25. 1022	26. 3344	27. 5074	28. 6149	29. 248	30. 7331
31. 6529	32. 7324	33. 317	34. 6543	35. 4663	36. 2373	37. 2821	38. 4750	39. 1057	40. 303
41. 719	42. 3324	43. 1829	44. 1977	45. 392	46. 2659	47. 4405	48. 2147	49. 2266	50. 563
51. 514	52. 1270	53. 4057	54. 1039	55. 4823	56. 5575	57. 1577	58. 5334	59. 913	60. 6252

Page 173:

1. 6046	2. 4620	3. 2365	4. 437	5. 6547	6. 1111	7. 7084	8. 1885	9. 4950	10. 1614
11. 132	12. 2894	13. 2155	14. 689	15. 1745	16. 2835	17. 4395	18. 2166	19. 375	20. 4457
21. 3713	22. 1743	23. 3364	24. 710	25. 4680	26. 6321	27. 2947	28. 6003	29. 269	30. 2019
31. 545	32. 4941	33. 3172	34. 2051	35. 844	36. 6046	37. 4626	38. 1717	39. 7436	40. 1450
41. 2132	42. 5973	43. 1724	44. 7042	45. 5735	46. 1946	47. 6147	48. 6907	49. 34	50. 1457
51. 3959	52. 3267	53. 2942	54. 8402	55. 2134	56. 790	57. 1479	58. 4429	59. 6759	60. 365

Page 174:

1. 5770	2. 1367	3. 3463	4. 2897	5. 4048	6. 499	7. 2040	8. 4572	9. 534	10. 1319
11. 4204	12. 2307	13. 1224	14. 1537	15. 1270	16. 2365	17. 6640	18. 3601	19. 5068	20. 694
21. 829	22. 2673	23. 3921	24. 3178	25. 890	26. 791	27. 5366	28. 5242	29. 4442	30. 312
31. 4569	32. 120	33. 4108	34. 1052	35. 1315	36. 1771	37. 8461	38. 347	39. 1549	40. 1062
41. 5944	42. 919	43. 1007	44. 1155	45. 5779	46. 7857	47. 4741	48. 1247	49. 4508	50. 299
51. 7297	52. 3996	53. 2688	54. 2079	55. 3773	56. 6597	57. 2760	58. 751	59. 741	60. 1173

Page 175:

1. 4478	2. 3827	3. 2363	4. 3517	5. 2060	6. 5041	7. 3385	8. 7583	9. 1416	10. 2886
11. 2384	12. 721	13. 1550	14. 7465	15. 933	16. 2957	17. 1873	18. 5457	19. 7061	20. 7532
21. 3232	22. 795	23. 3565	24. 4463	25. 4897	26. 2648	27. 6046	28. 44	29. 3164	30. 5951
31. 4289	32. 8406	33. 92	34. 1288	35. 5339	36. 1813	37. 1758	38. 687	39. 5575	40. 2332
41. 992	42. 7691	43. 5735	44. 2018	45. 1739	46. 3035	47. 5502	48. 1013	49. 3407	50. 6716
51. 2085	52. 6195	53. 1007	54. 1845	55. 3042	56. 4147	57. 768	58. 7030	59. 6239	60. 6695

Page 176:

1. 2291	2. 1945	3. 4733	4. 6547	5. 1769	6. 1594	7. 5303	8. 2027	9. 7003	10. 6139
11. 2685	12. 1024	13. 3048	14. 964	15. 7116	16. 2033	17. 1130	18. 2390	19. 1886	20. 5135
21. 6469	22. 764	23. 3911	24. 2288	25. 687	26. 1806	27. 2474	28. 1477	29. 409	30. 1291
31. 642	32. 414	33. 7138	34. 3069	35. 5406	36. 4974	37. 800	38. 4236	39. 608	40. 3065
41. 2229	42. 219	43. 845	44. 1245	45. 3893	46. 4022	47. 3768	48. 2040	49. 1730	50. 471
51. 5002	52. 1901	53. 3282	54. 92	55. 5885	56. 825	57. 5641	58. 251	59. 181	60. 645

Page 177:

1. 6376	2. 711	3. 585	4. 5561	5. 8110	6. 295	7. 5645	8. 1515	9. 1794	10. 4218
11. 3601	12. 6273	13. 632	14. 4144	15. 3047	16. 5112	17. 1105	18. 1392	19. 2974	20. 186
21. 2549	22. 6611	23. 4434	24. 7144	25. 4589	26. 5733	27. 689	28. 1183	29. 4663	30. 659
31. 4104	32. 7045	33. 169	34. 4056	35. 511	36. 143	37. 3555	38. 2529	39. 4642	40. 1962
41. 3035	42. 2730	43. 1704	44. 1474	45. 4449	46. 7989	47. 2578	48. 1384	49. 4528	50. 7068
51. 2471	52. 1729	53. 5841	54. 1746	55. 30	56. 5015	57. 2877	58. 3921	59. 2216	60. 5866

Page 178:

1. 1600	2. 240	3. 748	4. 726	5. 2546	6. 1158	7. 1212	8. 2083	9. 1395	10. 3109
11. 739	12. 2953	13. 3578	14. 48	15. 5753	16. 3171	17. 4006	18. 4308	19. 5452	20. 405
21. 1845	22. 1611	23. 861	24. 5215	25. 1556	26. 4232	27. 85	28. 3059	29. 277	30. 1017
31. 3609	32. 3096	33. 8030	34. 4901	35. 572	36. 4375	37. 6390	38. 3604	39. 5514	40. 1032
41. 2893	42. 2769	43. 2510	44. 1533	45. 1001	46. 430	47. 3410	48. 6850	49. 1057	50. 1644
51. 1648	52. 4520	53. 6725	54. 1779	55. 8330	56. 1367	57. 3977	58. 2405	59. 1338	60. 587

Page 179:

1. 6757	2. 3691	3. 1199	4. 5290	5. 3534	6. 3872	7. 5339	8. 803	9. 1671	10. 1680
11. 886	12. 1911	13. 1173	14. 6838	15. 1409	16. 3060	17. 2580	18. 5388	19. 2207	20. 1835
21. 309	22. 709	23. 3138	24. 2588	25. 3455	26. 5205	27. 37	28. 5381	29. 1198	30. 7937
31. 1470	32. 2158	33. 478	34. 155	35. 3151	36. 902	37. 6342	38. 3486	39. 6562	40. 5149
41. 4162	42. 2328	43. 4405	44. 397	45. 1020	46. 8	47. 4557	48. 4926	49. 54	50. 4891
51. 4968	52. 6301	53. 5999	54. 6230	55. 958	56. 4240	57. 1563	58. 2478	59. 5782	60. 1729

Page 180:

1. 1470	2. 3161	3. 1558	4. 1753	5. 229	6. 1990	7. 1134	8. 6031	9. 1431	10. 1502
11. 3118	12. 2769	13. 4778	14. 7646	15. 1582	16. 1420	17. 5306	18. 1144	19. 5100	20. 1376
21. 1227	22. 5669	23. 4758	24. 6584	25. 2842	26. 2574	27. 3187	28. 7380	29. 1822	30. 4224
31. 314	32. 2067	33. 3151	34. 4582	35. 7024	36. 3770	37. 1301	38. 447	39. 348	40. 2051
41. 2723	42. 4856	43. 2500	44. 2678	45. 2195	46. 2416	47. 41	48. 466	49. 377	50. 441
51. 7073	52. 641	53. 1222	54. 7411	55. 4990	56. 4404	57. 1877	58. 297	59. 5014	60. 3072

Page 181:

1. 958	2. 1704	3. 1235	4. 3977	5. 2043	6. 2582	7. 6105	8. 3933	9. 1458	10. 4892
11. 5551	12. 563	13. 1822	14. 3497	15. 1383	16. 159	17. 4683	18. 3491	19. 7601	20. 1061
21. 2214	22. 7200	23. 4272	24. 1923	25. 1926	26. 1700	27. 166	28. 2557	29. 4671	30. 161
31. 8235	32. 5971	33. 1098	34. 3702	35. 7467	36. 125	37. 3590	38. 6655	39. 747	40. 2872
41. 340	42. 2886	43. 32	44. 309	45. 159	46. 1563	47. 4094	48. 3058	49. 7045	50. 5985
51. 2059	52. 1064	53. 1859	54. 425	55. 8461	56. 3945	57. 2008	58. 5389	59. 1150	60. 1521

Page 182:

1. 5116	2. 321	3. 4315	4. 3706	5. 6014	6. 5677	7. 864	8. 2712	9. 1763	10. 4092
11. 2374	12. 618	13. 350	14. 857	15. 6971	16. 2052	17. 2558	18. 1017	19. 1406	20. 3919
21. 5984	22. 3259	23. 7323	24. 277	25. 4571	26. 1132	27. 1837	28. 5024	29. 1169	30. 3001
31. 1875	32. 3117	33. 1151	34. 85	35. 7041	36. 5729	37. 784	38. 471	39. 3150	40. 1264
41. 2083	42. 1946	43. 402	44. 2246	45. 6576	46. 2168	47. 4239	48. 3407	49. 1659	50. 7042
51. 5672	52. 2358	53. 2302	54. 2942	55. 756	56. 803	57. 605	58. 3010	59. 6073	60. 3817

Page 183:

1. 690	2. 1204	3. 2900	4. 6296	5. 2692	6. 8055	7. 1698	8. 5061	9. 6280	10. 7786
11. 5433	12. 5469	13. 81	14. 2517	15. 1331	16. 365	17. 2044	18. 8547	19. 2912	20. 3395
21. 40	22. 6204	23. 5573	24. 3990	25. 6035	26. 400	27. 1889	28. 1604	29. 1318	30. 5778
31. 1189	32. 234	33. 3642	34. 5809	35. 2110	36. 5627	37. 4255	38. 3757	39. 1151	40. 3359
41. 30	42. 3503	43. 2897	44. 2286	45. 406	46. 7450	47. 620	48. 2282	49. 4361	50. 1119
51. 5186	52. 4424	53. 3715	54. 3503	55. 6793	56. 1454	57. 981	58. 920	59. 2640	60. 54

Page 184:

1. 638	2. 5643	3. 2126	4. 1372	5. 3064	6. 4322	7. 2113	8. 2794	9. 7635	10. 1582
11. 3554	12. 3013	13. 5615	14. 1850	15. 817	16. 2581	17. 5641	18. 6324	19. 903	20. 2366
21. 5834	22. 439	23. 3290	24. 4985	25. 4985	26. 2572	27. 4086	28. 7526	29. 3992	30. 7266
31. 357	32. 3734	33. 701	34. 459	35. 515	36. 1868	37. 853	38. 5333	39. 766	40. 338
41. 3430	42. 1735	43. 4085	44. 244	45. 1819	46. 3107	47. 3837	48. 4544	49. 507	50. 791
51. 6091	52. 1585	53. 2859	54. 1601	55. 5404	56. 349	57. 3395	58. 4180	59. 3205	60. 4994

Page 185:

1. 1854	2. 140	3. 13	4. 3731	5. 1053	6. 5387	7. 37	8. 90	9. 5918	10. 5202
11. 676	12. 1013	13. 4097	14. 633	15. 6395	16. 5695	17. 5799	18. 2740	19. 1563	20. 7451
21. 4413	22. 158	23. 5083	24. 443	25. 2386	26. 2968	27. 577	28. 6320	29. 6046	30. 3325
31. 6320	32. 1724	33. 3864	34. 2651	35. 2666	36. 895	37. 195	38. 7545	39. 4503	40. 2258
41. 1029	42. 2022	43. 5002	44. 1395	45. 3061	46. 1848	47. 2762	48. 701	49. 229	50. 214
51. 2393	52. 1258	53. 709	54. 6720	55. 1934	56. 3817	57. 2937	58. 5272	59. 488	60. 3782

Page 186:

1. 391	2. 2065	3. 2032	4. 993	5. 4050	6. 3644	7. 6170	8. 2226	9. 3442	10. 1796
11. 4114	12. 3498	13. 5127	14. 1033	15. 5135	16. 6538	17. 623	18. 2100	19. 5705	20. 1361
21. 5807	22. 93	23. 4839	24. 661	25. 4827	26. 1904	27. 5257	28. 1190	29. 268	30. 5160
31. 6237	32. 2487	33. 3151	34. 4536	35. 4667	36. 1582	37. 5781	38. 3182	39. 147	40. 7087
41. 3003	42. 2708	43. 3914	44. 1864	45. 2199	46. 258	47. 1106	48. 1033	49. 6809	50. 2276
51. 2970	52. 5034	53. 3738	54. 3613	55. 321	56. 116	57. 5224	58. 585	59. 1756	60. 147

Page 187:

1. 5105	2. 5221	3. 427	4. 4792	5. 3353	6. 1159	7. 4264	8. 3735	9. 5364	10. 1335
11. 7162	12. 4422	13. 1116	14. 1522	15. 837	16. 1934	17. 4912	18. 5213	19. 2892	20. 1223
21. 4142	22. 1255	23. 1383	24. 4001	25. 6627	26. 5955	27. 2737	28. 2350	29. 3825	30. 1658
31. 3116	32. 8	33. 2315	34. 1169	35. 748	36. 1099	37. 6264	38. 4057	39. 4501	40. 1972
41. 3397	42. 7584	43. 2839	44. 1173	45. 407	46. 2012	47. 98	48. 3460	49. 4666	50. 5413
51. 4007	52. 2036	53. 325	54. 3070	55. 4562	56. 5811	57. 3929	58. 1260	59. 2486	60. 1700

Page 188:

1. 5761	2. 2238	3. 2820	4. 2391	5. 5016	6. 8035	7. 1736	8. 999	9. 1984	10. 799
11. 3843	12. 2247	13. 2403	14. 977	15. 1688	16. 2669	17. 3827	18. 2202	19. 7742	20. 4111
21. 3933	22. 847	23. 3341	24. 5637	25. 2317	26. 1975	27. 1216	28. 2604	29. 2623	30. 3011
31. 579	32. 1302	33. 2747	34. 2138	35. 4008	36. 707	37. 3218	38. 3966	39. 4053	40. 2871
41. 6211	42. 3061	43. 5963	44. 3187	45. 3309	46. 4307	47. 1424	48. 4473	49. 2734	50. 71
51. 706	52. 261	53. 841	54. 5492	55. 4842	56. 3707	57. 204	58. 4218	59. 1892	60. 5481

Page 189:

1. 1648	2. 215	3. 3027	4. 1047	5. 2238	6. 2124	7. 6018	8. 775	9. 2147	10. 6978
11. 898	12. 451	13. 3421	14. 6219	15. 510	16. 1051	17. 7645	18. 847	19. 2546	20. 4523
21. 4286	22. 832	23. 1122	24. 899	25. 4642	26. 776	27. 507	28. 6128	29. 4242	30. 4331
31. 6670	32. 610	33. 6757	34. 1447	35. 5754	36. 5332	37. 2230	38. 712	39. 181	40. 4140
41. 893	42. 5880	43. 40	44. 4717	45. 190	46. 1272	47. 2482	48. 4578	49. 3633	50. 2464
51. 3225	52. 3544	53. 30	54. 366	55. 461	56. 966	57. 5037	58. 515	59. 3431	60. 692

Page 190:

1. 2324	2. 3522	3. 3981	4. 933	5. 14	6. 4501	7. 4407	8. 6399	9. 1576	10. 820
11. 1813	12. 977	13. 3002	14. 1822	15. 1604	16. 1510	17. 1326	18. 6645	19. 446	20. 624
21. 4058	22. 6471	23. 3028	24. 4148	25. 290	26. 1830	27. 4881	28. 1886	29. 1547	30. 5802
31. 1040	32. 744	33. 3508	34. 3788	35. 551	36. 4046	37. 2658	38. 584	39. 1388	40. 6
41. 4043	42. 3650	43. 3261	44. 887	45. 3451	46. 3722	47. 6162	48. 4682	49. 300	50. 6162
51. 4146	52. 1127	53. 594	54. 3803	55. 3081	56. 880	57. 102	58. 4545	59. 7225	60. 2177

Page 191:

1. 674	2. 7769	3. 5059	4. 2487	5. 2845	6. 2288	7. 2758	8. 306	9. 6190	10. 2227
11. 4581	12. 105	13. 151	14. 1598	15. 407	16. 5539	17. 3645	18. 769	19. 5225	20. 692
21. 751	22. 3795	23. 2417	24. 189	25. 2074	26. 1847	27. 3816	28. 1914	29. 1655	30. 3780
31. 7601	32. 7398	33. 3637	34. 395	35. 3178	36. 3077	37. 2948	38. 3022	39. 1009	40. 6751
41. 3527	42. 3120	43. 2736	44. 201	45. 3070	46. 237	47. 761	48. 3542	49. 4278	50. 6843
51. 6627	52. 784	53. 1294	54. 865	55. 1239	56. 637	57. 752	58. 5468	59. 12	60. 4865

Page 192:

1. 3371	2. 3652	3. 4278	4. 2221	5. 6083	6. 59	7. 1490	8. 5420	9. 4644	10. 1226
11. 2016	12. 3264	13. 1223	14. 346	15. 3329	16. 6431	17. 89	18. 3516	19. 126	20. 190
21. 4814	22. 2925	23. 4324	24. 4656	25. 736	26. 1763	27. 5195	28. 1054	29. 2958	30. 4076
31. 762	32. 4996	33. 283	34. 972	35. 979	36. 694	37. 5183	38. 931	39. 7523	40. 2162
41. 3704	42. 543	43. 3026	44. 494	45. 653	46. 1679	47. 3151	48. 3166	49. 4599	50. 1831
51. 4357	52. 5219	53. 4487	54. 2506	55. 2085	56. 406	57. 1557	58. 1917	59. 2343	60. 3427

Page 193:

1. 1676	2. 3728	3. 3541	4. 6749	5. 525	6. 8290	7. 1923	8. 1492	9. 2034	10. 861
11. 7268	12. 1755	13. 2140	14. 1734	15. 586	16. 7015	17. 2069	18. 2245	19. 911	20. 6657
21. 65	22. 2352	23. 106	24. 632	25. 3355	26. 2141	27. 810	28. 5248	29. 7934	30. 3360
31. 273	32. 453	33. 2632	34. 7819	35. 3457	36. 1067	37. 2296	38. 2013	39. 4425	40. 3787
41. 1288	42. 5712	43. 2288	44. 1161	45. 4000	46. 4244	47. 2077	48. 3497	49. 686	50. 989
51. 945	52. 2915	53. 4871	54. 3071	55. 3484	56. 561	57. 1605	58. 8674	59. 964	60. 5844

Page 194:

1. 3701	2. 2194	3. 5035	4. 2808	5. 5460	6. 1123	7. 4562	8. 3376	9. 365	10. 5347
11. 3719	12. 3085	13. 391	14. 1880	15. 1791	16. 5595	17. 2544	18. 1916	19. 2892	20. 509
21. 3533	22. 3237	23. 4095	24. 548	25. 4071	26. 2808	27. 5120	28. 6264	29. 8591	30. 2030
31. 7045	32. 4899	33. 1900	34. 3581	35. 7764	36. 4309	37. 2217	38. 2744	39. 3332	40. 1484
41. 6510	42. 599	43. 5198	44. 19	45. 920	46. 3860	47. 1042	48. 4228	49. 3073	50. 2899
51. 3871	52. 498	53. 3151	54. 4218	55. 3462	56. 2406	57. 980	58. 1908	59. 3962	60. 1835

Page 195:

1. 2062	2. 214	3. 3327	4. 8013	5. 1531	6. 918	7. 1144	8. 2935	9. 3858	10. 7059
11. 2321	12. 1272	13. 2949	14. 3197	15. 2641	16. 5494	17. 3599	18. 719	19. 2460	20. 237
21. 1943	22. 6150	23. 1694	24. 5252	25. 6003	26. 2536	27. 3518	28. 869	29. 6356	30. 952
31. 8881	32. 34	33. 866	34. 1319	35. 6174	36. 2434	37. 3586	38. 3934	39. 1213	40. 4670
41. 2976	42. 2855	43. 582	44. 1376	45. 2753	46. 1963	47. 2758	48. 4891	49. 8244	50. 6351
51. 2839	52. 1935	53. 162	54. 7336	55. 315	56. 308	57. 5303	58. 487	59. 2050	60. 1485

Page 196:

1. 3335	2. 4886	3. 1586	4. 420	5. 221	6. 2936	7. 928	8. 4389	9. 3168	10. 5769
11. 933	12. 1285	13. 2587	14. 304	15. 818	16. 3405	17. 1907	18. 2286	19. 3621	20. 5920
21. 1831	22. 2328	23. 7505	24. 4406	25. 2788	26. 3782	27. 7676	28. 919	29. 3247	30. 1856
31. 6161	32. 6565	33. 147	34. 5338	35. 504	36. 4157	37. 2145	38. 1452	39. 767	40. 241
41. 643	42. 3447	43. 8357	44. 4078	45. 4413	46. 7203	47. 4802	48. 1549	49. 803	50. 974
51. 3187	52. 8179	53. 7854	54. 5126	55. 681	56. 4412	57. 4640	58. 46	59. 2659	60. 1086

Page 197:

1. 617	2. 4518	3. 5107	4. 738	5. 6748	6. 5975	7. 3202	8. 964	9. 2448	10. 3766
11. 2195	12. 6443	13. 3324	14. 380	15. 400	16. 2626	17. 545	18. 1103	19. 109	20. 547
21. 4793	22. 1122	23. 1852	24. 1419	25. 1624	26. 2909	27. 226	28. 2235	29. 3946	30. 668
31. 1453	32. 2664	33. 791	34. 515	35. 3936	36. 4078	37. 1268	38. 3991	39. 1230	40. 405
41. 6322	42. 733	43. 3744	44. 1722	45. 3817	46. 1563	47. 4489	48. 1065	49. 4454	50. 3081
51. 3198	52. 1750	53. 665	54. 619	55. 360	56. 3401	57. 1053	58. 5484	59. 5517	60. 1254

Page 198:

1. 2217	2. 565	3. 954	4. 4442	5. 2236	6. 817	7. 4172	8. 3369	9. 5962	10. 2420
11. 1284	12. 97	13. 3258	14. 3940	15. 4711	16. 4513	17. 1911	18. 3371	19. 1186	20. 3639
21. 2615	22. 1645	23. 7764	24. 2852	25. 639	26. 2855	27. 1877	28. 1549	29. 1769	30. 177
31. 7	32. 139	33. 3902	34. 2007	35. 3508	36. 5688	37. 576	38. 6157	39. 966	40. 6524
41. 848	42. 647	43. 2811	44. 7067	45. 3186	46. 3650	47. 2353	48. 3098	49. 590	50. 1282
51. 3343	52. 80	53. 301	54. 4622	55. 3896	56. 2886	57. 3320	58. 3275	59. 2233	60. 2877

Page 199:

1. 3319	2. 7408	3. 2758	4. 5530	5. 2106	6. 2368	7. 6802	8. 8040	9. 738	10. 5754
11. 1994	12. 1923	13. 4275	14. 1209	15. 4539	16. 6207	17. 971	18. 590	19. 5549	20. 236
21. 6750	22. 3259	23. 7222	24. 2285	25. 516	26. 2086	27. 4507	28. 479	29. 4088	30. 871
31. 4779	32. 516	33. 3103	34. 2978	35. 3136	36. 58	37. 1590	38. 5024	39. 3138	40. 4006
41. 547	42. 5130	43. 444	44. 4309	45. 1385	46. 561	47. 1434	48. 1553	49. 3534	50. 3135
51. 2419	52. 1482	53. 980	54. 3547	55. 7670	56. 600	57. 3309	58. 3951	59. 761	60. 1704

Page 200:

1. 2587	2. 7276	3. 338	4. 3232	5. 66	6. 2836	7. 4110	8. 2234	9. 3389	10. 458
11. 1609	12. 2133	13. 28	14. 1331	15. 1058	16. 1812	17. 1702	18. 2779	19. 2702	20. 1038
21. 166	22. 5109	23. 1668	24. 675	25. 978	26. 1493	27. 1096	28. 7076	29. 4404	30. 1137
31. 2809	32. 5602	33. 1960	34. 2138	35. 3857	36. 273	37. 3436	38. 5125	39. 5283	40. 1134
41. 856	42. 31	43. 6152	44. 3580	45. 6140	46. 8255	47. 1492	48. 504	49. 3967	50. 1498
51. 4378	52. 1898	53. 4918	54. 2119	55. 137	56. 1786	57. 3553	58. 2268	59. 3664	60. 899

www.ingramcontent.com/pod-product-compliance
Lightning Source LLC
Chambersburg PA
CBHW080644270326
41928CB00017B/3187
9781959877943